孕期营养全指南

瘦身好孕
100道 瘦孕料理

孙晶丹 编著

轻松
瘦孕

完美
养胎

孕期
营养

低油
少盐

健康
美味

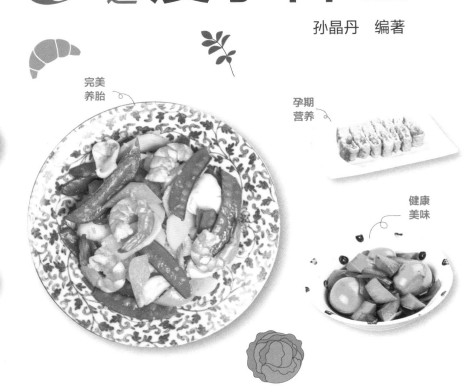

新疆人民出版总社
新疆人民卫生出版社

CONTENTS

养胎瘦孕原则：均衡摄取五大类食物

P017
芋头粥
炖煮到又松又软的芋头，
香浓软滑的口感让人停不下来。

五谷根茎类

五谷根茎类食物是孕妈咪热量的
主要来源，其中五谷饭、糙米饭
等粗粮以及根茎类食物，更是富
含膳食纤维与矿物质，用来取代
精致的白米饭，是不错的选择。

P108
牛蒡炒肉丝
牛蒡是健康的食材，
怀孕的孕妈咪多吃牛蒡，
还可以预防便秘的产生。

P126
蜜汁甜藕
清香的莲藕，
遇见浓郁的桂花香气，让人忍不住一口接一口。

P016
海鲜粥
用海洋的丰富营养，
提供孕妈咪滋补养胎的养分。

奶蛋豆鱼肉类

奶蛋豆鱼肉类是孕妈咪蛋白质和
钙质的主要来源。蛋白质是胎儿
生长发育的基本原料，对大脑的
发育尤为重要；钙质则有助于胎
儿骨骼的发展，必须均衡摄取。

P069
蚝油鸡柳
鸡肉口感黏稠滑顺，
秋葵富含叶酸，最适合孕妈咪养胎时期食用。

P066
铁板豆腐
蕴含丰富的蛋白质，外脆内软的口感，
让人难以忘怀的好滋味。

P024
枸杞皇宫菜
艳红的枸杞，点缀于翠绿的皇宫菜之间
让人有大快朵颐的冲动。

蔬菜类

蔬菜含有丰富的维生素 C，有助于构成一个强健的胎盘，使胎儿预防感染，并帮助铁质的吸收。其中深色蔬菜所含的叶酸，更是胎儿中枢神经系统发育所必需的营养素。

P099
鲜蔬虾仁
山药滋补脾胃，
虾仁清淡爽口，
是易于消化的一道菜。

P121
凉拌素什锦
色彩缤纷的蔬菜拼盘，
是膳食纤维的大集合。

P090
菠萝苦瓜鸡汤
浓郁的汤头蕴含食材精华，
增添孕妈咪养胎元气。

水果类

水果中含有丰富的纤维素，孕妈咪多吃水果可以预防便秘的发生，并补充维生素 C。但要注意避免食用太甜的水果，以免摄取过多的糖分，造成身体的负担。

P122
西红柿蒸蛋
蒸蛋香气弥漫，
蕴含着微微的西红柿酸甜香味，
让孕妈咪越吃越美丽。

P128
木瓜牛奶
木瓜牛奶香气浓郁，所含的木瓜酶能帮助消化，
对孕妈咪很有帮助喔！

P019
鲜滑鱼片粥
鱼肉柔软无刺，粥品浓郁香醇，
就是要孕妈咪齿颊留香。

油 脂 类

在孕期中油脂的摄取很重要，像
是动物性油脂有鸡油、鱼油、猪
油等；植物性油脂，像是橄榄油、
芝麻油，或是核桃、花生等坚果
类食物。

P033
南瓜炒肉丝
蔬菜与猪肉的结合，
有丰富的钙质与蛋白质，
巩固孕妈咪跟胎儿的健康。

P048
鸡肉饭
白饭淋上鸡汁香气浓郁，
让人忍不住多吃几碗。

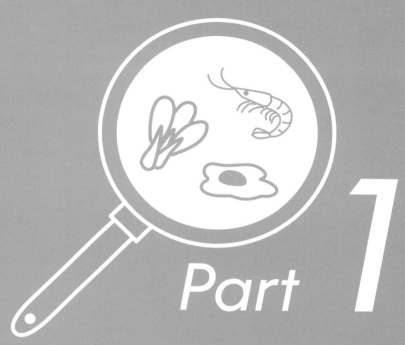

Part 1

孕期聪明吃，
胖宝不胖妈

小小生命在孕妈咪体内开始孕育之初，
就具有感知能力。孕妈咪的健康、情
绪、饮食等都关系着宝宝的生长发育。
常言道，一人吃两人补，如何吃得好
又吃得巧，能胖宝但不胖妈呢？让我
们赶快来看以下的介绍吧。

1. 供给足够的热量与营养素

按照孕妈咪每日膳食中热量和各种营养素供给量的标准，合理调配膳食，使每日进食的食物种类齐全，数量充足。尤其注意补充孕妈咪较易缺乏的钙、铁、维生素 D 和 B 族维生素等。

2. 选择食物要多样化

每日膳食中应包括粮谷、动物性食物、蔬菜水果、牛奶及乳制品等食物，并轮流选用同一类中的各种食物。这样既可使膳食多样化，又可使各种食物在营养成分上达到互补作用。另外，同时要注意膳食的季节性变化。

3. 进食时要保持适量

每餐应有一定的饱足感，既要避免胃肠负担过重，又要不出现饥饿感，每餐饭菜的组成最好兼具粗糙和精致、固体和液体、浓缩和稀薄的食物，使身体能均匀消化吸收。

4. 调整合理的膳食制度

把整天的食物定质、定量、定时地合理分配。三餐的热量分配要合理，全天的热量分配以早餐 25％ ~ 30％、中餐40％、晚餐30％ ~ 35％为宜。如果由于消化道功能降低，胎儿、子宫增大后挤压胃肠道，可根据孕妈咪的具体情况，适当减少餐次和调整进食数量。

5. 注意膳食的感官状态

适宜的烹调以减少营养素的损失为主，并尽量做到膳食色调诱人、香气扑鼻、味道鲜美、外型美观，以刺激食欲，促进食物的消化与吸收。

特殊体质孕妈咪饮食建议

1. 素食孕妈咪

孕妈咪长期吃素不利于胎儿健康发展，因此对于容易缺乏的营养素要多加补充，如钙质—豆浆、豆腐等豆制品，锌—杏仁果、未精制的五谷杂粮等，铁—核仁类、南瓜类等，维生素 D—乳酪、多晒太阳等，维生素 B12—啤酒酵母、乳制品等。

2. 妊娠糖尿病孕妈咪

妊娠糖尿病孕妈咪要维持血糖值平稳和避免酮酸血症发生，因此餐次的分配非常重要。因为一次进食大量食物会造成血糖快速上升，且孕妈咪空腹太久时，容易产生酮体，所以建议少量多餐，将每日应摄取的食物分成 5 ~ 6 餐。睡前要补充点心，避免晚餐与隔天早餐的时间相距过长。

3. 妊娠高血压孕妈咪

妊娠高血压孕妈咪要控制体重正常增加，因此在热量摄取上要特别小心。每日烹调用油约 20 毫升，少吃动物脂肪。禽类、鱼类和大豆类可保护心血管、改善孕期血压，应多吃。每日盐分不宜超过 2 ~ 4 克，酱油不宜超过 10 毫升。多吃蔬菜、水果及牛奶，并在晚期补充钙片。如肾功能异常则必须控制蛋白质的摄取量。

五谷根茎类食材推荐

五谷根茎类食物是怀孕期间孕妈咪热量的主要来源，如米饭、面条、面包、馒头、麦片、红薯、土豆、玉米、山药等。

据卫生福利部国民健康署（注：台湾地区医疗机构）发布，孕妈咪在五谷根茎类方面，每日建议摄取量为2～3.5碗，怀孕后期增加0.5碗；其中如果是未精制类可摄取1～1.5碗，如糙米、荞麦、燕麦等；精制类可摄取1～2碗，如白米、面条等；怀孕后期增加0.5碗。

碗为一般家用饭碗，容量为240毫升，重量为可食重量。1碗 = 4份，糙米饭1碗（200克）= 全荞麦、全燕麦80克 = 全麦大馒头1又1/3个（100克）= 全麦土司1又1/3片（100克）= 白米饭1碗 = 熟面条2碗。

怀孕时无节制地吃，最容易胖到孕妈咪。可以依照孕妈咪怀孕前的体重来调整。若原本体重较轻者，其增加量可较多，若为原来体重较重者则其增加量不宜太多，应配合怀孕期间的体重增加曲线来摄取足够的热量。自怀孕中期起，每日需增加300大卡热量。

建议怀孕期间体重增加，以每周增加0.5千克，孕期总体重增加10～14千克为宜。怀孕初期的体重建议增加1～2千克即可；怀孕中期平均增加5～6千克；怀孕后期体重增加稍稍减缓，平均增加4～6千克即可。

糯米（特别推荐）

糯米营养丰富，含有淀粉、钙、磷、铁、维生素B1及维生素B2等成分。有温胃、补中益气、补肺健脾、止泻及补益胃肠等功能，能够缓解气虚所致的盗汗、妊娠后腰腹坠胀感等症状，对妊娠期频尿亦有好的食疗效果。

红薯（特别推荐）

红薯含维生素A、维生素C、钙、磷、铁等营养素，可与鱼、肉、米面、白糖等酸性食物中和以保持人体酸碱平衡。红薯可补气虚、益气力、健脾胃、强肾阴，还能刺激消化液分泌及胃肠蠕动，达到通便作用，非常适合作为孕妈咪的主食。

奶蛋豆鱼肉类、油脂类及坚果类食材推荐

1. 奶蛋豆鱼肉类

这类食物能提供丰富的蛋白质，可以帮助细胞成长，促进组织生成。孕妈咪饮食中的蛋白质来源建议一半以上来自高生物价的蛋白质，可用优酪乳、优格、起司等代替牛奶。

根据卫生福利部国民健康署发布，孕妈咪在豆蛋鱼肉类方面，每日建议摄取量为 4 ~ 6 份，怀孕后期增加 1 份；低脂乳品类每日建议摄取 1.5 份。

豆蛋鱼肉类 1 份 = 毛豆 50 克 = 无糖豆浆 1 杯 = 传统豆腐 80 克或嫩豆腐半盒（140 克）= 小方豆干 1 又 1/4 片（40 克）= 鱼 35 克或虾仁 30 克 = 鸡肉 30 克或猪肉、羊肉、牛腱 35 克 = 鸡蛋 1 颗（55 克）

低脂乳品类 1 份 = 低脂或脱脂牛奶 1 杯（240 毫升）= 低脂或脱脂奶粉 3 汤匙（25 克）。

2. 油脂类及坚果类

动物性油脂因容易引起心血管方面的疾病，所以尽量少用。根据卫生福利部国民健康署发布，孕妈咪在油脂类及坚果类方面，每日建议摄取量为 3 ~ 6 份。1 份 = 黄豆沙拉油、橄榄油、芥花油等各种烹调用油 1 汤匙（5 克）= 瓜子 1 汤匙、杏仁果 5 粒、核桃仁 2 粒（7 克）= 花生仁 10 粒（80 克）= 黑（白）芝麻 1 汤匙 +1 茶匙（10 克）= 腰果 5 粒（8 克）。

红豆（特别推荐）

含蛋白质、食物纤维、钙、铁、镁、锰、锌等营养素，可清热解毒、健脾益胃、通气除烦，还有利尿、止泻、消水肿等功效。其中铁可使人气色红润、补血、促进血液循环、强化体力及增强抵抗力等，是孕妈咪的好伙伴。

芝麻（特别推荐）

含蛋白质、胡萝卜素、维生素 E、B 族维生素及钙、磷、铜、锌、硒等营养素。不但浓郁的香气可促进食欲，对骨骼、牙齿及胎儿的发展也有良好的促进作用。内含大量油脂，具有润肠通便的效果，对便秘的孕妈咪有很好的疗效。

蔬菜类、水果类食材推荐

蔬菜及水果这两类食材可为孕妈咪提供丰富的维生素及矿物质，这些成分在体内有生理调节的作用，并辅助或参与许多酶的活化及作用。有些食材本身也提供许多酶，对胎儿的生长及发育皆有极大的帮助。

绿色蔬菜类（例如：芹菜、莴笋、西蓝花、荚豆类等）与部分水果（例如：橘子、葡萄、苹果、草莓等）还可提供膳食纤维，可促进胃肠蠕动、帮助排便，避免便秘的发生。因为有饱足感，热量又低，所以体重增加太多的孕妈咪可以用这两类食材来控制。

1. 蔬菜类

根据卫生福利部国民健康署发布，孕妈咪在蔬菜类方面，每日建议摄取量为 3 ~ 4 份，怀孕后期增加 1 份。1 份 = 煮熟后相当于直径 15 厘米的盘 1 碟 = 收缩率较高的蔬菜如苋菜、红薯叶等，煮熟后约占半碗 = 收缩率较低的蔬菜如芥蓝菜、西蓝花等，煮熟后约占 2/3 碗。

2. 水果类

根据卫生福利部国民健康署发布，孕妈咪在水果类方面，每日建议摄取量为 2 ~ 3 份，怀孕后期增加 1 份。1 份 = 红西瓜 1 片（365 克）或小玉西瓜 1/3 个（320 克）= 椪柑 1 个、木瓜 1/3 个（190 克）= 香蕉（大 1/2 根、小 1 根，95 克）。

木耳
（特别推荐）

含蛋白质、膳食纤维、维生素 B2、钙、铁、多种氨基酸及多醣体等营养素，有滋润强壮、清肺益气、益胃、活血化瘀、润燥等功效。对于孕妈咪的便秘、贫血、高血压、腰腿疼痛、手足抽筋、痔疮等症状都有一定的助益。

苹果
（特别推荐）

含多种维生素、膳食纤维、钙、磷、铁、钾、果胶等营养素，以及苹果酸、奎宁酸等多种有机酸类。内含的钾可使体内过多的盐分排出，有助于降血压；有机酸类可刺激胃肠蠕动，和膳食纤维共同作用可利排便，保持大小便畅通。

1. 酸性食物

妊娠早期胎儿的酸度低，酸性物质容易在胎儿组织中大量聚集，影响胚胎细胞正常发育。怀孕 2 周内不要吃。

2. 糖精及含糖精的食物

长期食用会对胃肠黏膜产生强烈刺激，易导致消化不良，造成营养吸收功能障碍，对母体及胎儿都会造成损害。

3. 生冷食物

孕妈咪食用寒凉食物易损伤脾胃，影响消化功能及铁质吸收，并产生腹痛、腹泻等症状。

4. 霉变食品

胎儿各种器官功能尚未完善，霉菌素的侵害可能导致胎儿罹患肝癌、胃癌等，甚至停止发育而导致死胎、流产。

5. 罐头食品

此类食品经高温处理后，食物中的维生素及其他营养成分会受到一定程度的破坏，孕妈咪长期食用会造成营养不良。

6. 速食类食品

泡面等速食类食品缺乏蛋白质、脂肪、维生素等胎儿发育所必需的营养素，会造成胎儿发育迟缓，出生后先天不足。

7. 大补食品

许多补品含有较多激素，孕妈咪滥用会影响胎儿正常成熟并干扰生长发育，可能导致性早熟。

8. 高脂肪食物

孕妈咪长期大量食用此类食物，不仅易导致胆固醇囤积，还会增加催乳激素合成，诱发高血压及罹患结肠癌、乳癌等。

桂圆
（少吃食物）

属大热食物，凡是阴虚内热体质及患有热性疾病者都不能食用。孕妈咪大多阴血偏虚，阴虚则产生内热，因此往往会出现口干、便秘、胎热等症状。此时食用桂圆不仅不能保胎，反而容易导致落红、腹痛等先兆性流产症状。

咖啡
（少吃食物）

含咖啡碱，会破坏维生素 B1，使人出现烦躁、疲劳、记忆力减退、便秘等症状，严重时会导致神经组织损伤及浮肿。孕妈咪摄取过量，会影响胎儿骨骼发育，导致四肢畸形，也会增加流产、早产及宝宝体重过轻等风险。

西瓜
（少吃食物）

属寒凉食物，孕妈咪食用后会刺激子宫收缩，会引起头晕、心悸、呕吐等症状，而且其含糖量高，也易导致肥胖。

发霉土豆
（少吃食物）

发霉土豆含有龙葵素毒素，即使用水浸、蒸煮等方式处理也不会消失。孕妈咪长期大量食用，会导致胎儿畸形。

螃蟹
（少吃食物）

属极度寒凉食物，体质虚弱的孕妈咪食用后，可能导致腹痛、腹泻，甚至流产，尤其是蟹爪，有明显的堕胎作用。

生鸡蛋
（少吃食物）

含有害的抗生物素蛋白，大量摄取会阻碍人体对生物素的吸收，使人全身乏力、恶心、呕吐，也易导致腹痛、腹泻。

蜜饯
（少吃食物）

蜜饯制作过程中，会添加大量色素及防腐剂。孕妈咪将这些有害化学物质吃进肚，不仅会损害母体，还会危及胎儿健康。

益母草
（少吃食物）

具有活血化瘀、利尿消肿的功效，会使子宫有明显兴奋作用及强力收缩，孕妈咪食用后，易造成胎儿流产、早产。

容易造成流产的食材

1. 薏仁

性质滑利，对子宫有兴奋作用，会促使宫缩，增加胎儿早产及流产的可能性。其利水作用不仅止于利尿，也会把组织中的水分排出，间接使羊水变少，对胎儿极为不利。怀孕7~10个月的孕妈咪禁食。

2. 苋菜

属寒凉、滑利食物，对子宫有兴奋作用，会增加宫缩次数及强度，易导致早产及流产。怀孕7~10个月的孕妈咪禁食。

3. 山楂

怀孕后，孕妈咪体内会发生一连串的生理变化，出现食欲减退、恶心、呕吐等反应，所以喜欢吃些酸性食物来缓解不适症状。但不是所有酸味食物都适合孕妈咪食用，尤其是山楂，因为会刺激子宫，引发流产，因此孕妈咪应禁食。

4. 辣椒、花椒、芥末

以上食物都属热性食物，具刺激性，易造成肠道干燥、便秘及宫缩，而导致胎儿躁动不安、流产、羊水早破、早产等。

5. 酒

孕妈咪即使是少量饮酒，也会影响胎儿的生长发育。如果大量饮酒会导致胎儿畸形、心脏发育不全、低智商及发展迟缓等，并会造成胎儿流产、早产及死产，因此孕妈咪应禁食。

6. 甲鱼

属咸寒食物，有很强的通血活络、消结散瘀的作用，孕妈咪食用后可能会导致流产，尤其是甲鱼壳，因此孕妈咪一定要禁食。

孕期
非知不可

1. 避免长途旅行与出差

怀孕早期最重要的是确保胎儿能顺利度过这段不稳定的危险期。因为出差和旅行所乘坐的交通工具都会使孕妈咪因久坐而发生水肿，还会使胎儿缺氧，十分不利于母婴的健康，应尽量避免。

2. 预防感冒

注意气候变化，适时增减衣物。出门在外多穿戴一些防护用具，如帽子、围巾、手套、披肩、雨伞等。

3. 出行安全

外出要注意安全，不要争抢上马路和上下车。过于拥挤的公交车不要着急上，且尽量避免自己开车。怀孕后期，尽量避免上下楼梯，最好乘坐电梯，以免增加子宫负担，或因踩踏不稳发生意外。

4. 不洗冷水澡

孕妈咪在怀孕后抵抗力下降，体质会变得娇弱，皮肤变薄，易受外界刺激而罹患疾病。如果此时洗冷水澡很容易发生感冒，对母婴健康十分不利。

5. 有人陪伴

准爸爸有空应多陪伴孕妈咪，不要让她单独外出，且尽量少去人多拥挤的场所，避免感染病菌或受到碰撞、挤压，发生危险。

Part 2

怀孕初期
养胎瘦孕饮食安排

怀孕之后，孕妈咪对营养的需求比未怀孕时大大增加，除了自身需要的营养外，还要源源不断地供给肚子里的胎儿生长发育所需的一切营养。怀孕初期特别要注意补充叶酸，每日建议量为 600 微克。叶酸的主要作用为促进正常细胞的复制与分裂，而胎儿神经管的发育通常在孕期初期，因此孕妈咪每天应该摄取足够的叶酸。

叶酸是目前少数已知能够预防神经管畸形的营养素之一。怀孕初期孕妈咪如果没有补充足够的叶酸，易影响胎儿大脑和神经系统的正常发育，严重者会出现无脑儿和脊柱闭合不全等先天性畸形，还可能造成胎儿流产和早产。

一般绿叶蔬菜、动物肝脏、谷物类、豆类、坚果类、新鲜水果等都含有叶酸。长期服用叶酸会导致锌不足，也会影响胎儿发育，因此服用叶酸时也要注意适当补充锌，如牡蛎、鲜鱼、牛肉、黄豆等食物。建议孕妈咪每日摄取15毫克的锌和600微克的叶酸。

维生素 B12 的主要功能是参与制造骨髓红血球，是人体的三大造血原料之一，可防止恶性贫血和大脑神经受到破坏。如果孕妈咪缺乏维生素 B12，容易导致妊娠恶性贫血，伴随恶心、头痛、记忆力减退、精神忧郁、消化不良、反应迟钝等症状，这些问题会引起胎儿极为严重的先天性缺陷。

因为维生素 B12 广泛存在于动物性食物中，植物性食物中基本上没有，所以长期吃素、先天缺乏维生素 B12 及不爱吃肉的孕妈咪，一定要注意补充乳制品（如优酪乳、优格、起司等）和蛋类食物，或遵照医师嘱咐服用维生素 B12 营养剂片。

菠菜（叶酸）

味甘，性凉，具有养血止血、敛阴润燥的功效。除了含有铁和钙质外，其叶酸含量是叶菜类之首，尤其根部含量最高。不仅对孕妈咪的缺铁性贫血有改善作用，还能增强抵抗传染病的能力，并能促进胎儿生长发育。

猪肝（维生素 B12）

味甘、苦，性温，归肝经，含有多种营养素。除可维持人体正常生长和生殖机能，预防眼睛干涩、疲劳外，还可调节和改善贫血病人造血系统的生理功能，对于孕妈咪因怀孕导致营养素补充不足而贫血者，有很好的补益作用。

1~3 月

怀孕初期养胎瘦孕 1 日食谱

怀孕初期对孕妈咪及胎儿来说是最重要的时期。孕妈咪会出现与往日不同的生理特征，如月经停止、乳房隆胀、子宫变得柔软或者感觉不舒服。孕妈咪也会因新陈代谢加快，导致免疫系统相对调整，以及激素浓度升高，接着乳头及乳晕颜色变深、略感疼痛。肚子隆起不明显，阴道中流出的乳白色分泌物逐渐增加，基础体温仍然偏高。

孕妈咪会出现害喜现象，包括：头晕、头痛、恶心、呕吐、无力、容易疲倦、嗜睡、口水增多等症状，饮食嗜好也会改变。

此期是胎儿重要器官形成的关键时期，倘若母体的营养供给不足，很容易发生流产、死胎和胎儿畸形等情况。因此，孕妈咪的饮食调养工作非常重要，绝对不能偏食或节食。

孕妈咪的饮食要增加优质蛋白质、矿物质及维生素的供应，并适当增加热量的摄取，以获取全面适当的营养。膳食也要符合孕妈咪的口味，并应注意少量多餐，食材新鲜，食物烹调要清淡爽口，避免食用过分油腻和刺激性强的食物，不要吃单一主食及反季节的蔬菜，咖啡、茶、可乐等饮品也要节制。呕吐严重的孕妈咪可多吃蔬菜、水果、苏打饼等碱性食物，可缓解症状。

初期
养胎瘦孕
饮食安排

早餐▷ 竹笋瘦肉粥 (P014)

蒜蓉空心菜 (P026)

早点▷ 水果 1 份

午餐▷ 西蓝花炖饭 (P013)

枸杞皇宫菜 (P024)

金针芦笋鸡丝汤 (P022)

午点▷ 蜜枣南瓜 (P127)

晚餐▷ 鲜滑鱼片粥 (P019)

蚝油芥蓝 (P028)

香煎鸡腿南瓜 (P032)

晚点▷ 木瓜牛奶 (P128)

鲑鱼炒饭

1~3 月　20 MIN

粉嫩的米饭吸附鲑鱼的咸香味以及豌豆仁的脆甜，
可以让孕妈咪食欲大开，提振精神。

材料（1 人份）

白饭 150 克　鲑鱼 40 克
豌豆仁 75 克　葱花适量
蒜末适量

调味料

米酒适量　黑胡椒粒适量
盐适量　食用油适量

1 备好材料

鲑鱼去骨后切碎末；豌豆仁洗净
沥干，备用。

2 爆香材料

热油锅，放入鲑鱼末，淋入米酒，
炒至表面金黄，再放入蒜末、葱
花爆香。

3 拌炒均匀

倒入豌豆仁拌炒，最后将白饭倒
入，拌炒均匀，加盐、黑胡椒粒
调味即可。

西蓝花炖饭

熬到绵软的米饭，伴随着淡淡飘散的奶香，
好入口、易消化，有助于抚慰孕妈咪怀孕初期的焦虑感。

材料（1人份）

白饭 150 克　西蓝花 50 克
牛奶 40 毫升

调味料

盐适量

1 备好材料
西蓝花洗净，切小朵备用。

2 焯烫材料
烧一锅滚水，加少许盐，放入西蓝花，焯烫至软嫩，捞起备用。

3 小火熬煮
在锅里放入白饭，倒入水，用大火煮开后转小火，一边煮一边搅拌，待水分所剩无几时，倒入牛奶持续搅拌至汤汁收干，最后加入西蓝花搅拌均匀，并加盐调味即可。

营养重点

西蓝花富含维生素C、矿物质和β-胡萝卜素等营养素，可防癌及增加免疫力，也含有大量的维生素A，可强化黏膜抵抗力，有效阻挡感冒等病毒感染。

竹笋瘦肉粥

1~3 月　20 MIN

猪腿肉即便已切成肉丝，仍不减扎实的 Q 弹度，
搭配上绿竹笋爽脆清甜，以最低的负担供给孕妈咪养胖宝的养分。

材料（1 人份）

白米粥 150 克　猪腿肉 60 克
竹笋 50 克　鲜香菇 1 朵
芹菜末 40 克　胡萝卜 40 克
红葱酥 40 克　虾米 40 克
大骨高汤 3 杯

调味料

盐 5 克　白胡椒粉少许
食用油少许

1 备好材料

竹笋、香菇洗净，切丝；胡萝卜去
皮，洗净切丝；猪腿肉切丝。

2 汆烫材料

烧一锅滚水，加少许盐，放入猪腿
肉汆烫去血水，捞起备用。

3 爆香材料

热油锅，放入虾米，以小火炒香，
加入做法 1、2 的材料以及大骨高
汤，继续以中火将汤汁煮滚。

4 搅拌均匀

将白米粥倒入锅中搅拌均匀，加盐、
白胡椒粉调味，起锅盛入容器，再
撒入芹菜末、红葱酥即可。

香菇瘦肉粥

1~3 月 · 40 MIN

沁人心脾的香菇香气，每一口粥及香菇都蕴含猪肉精华，
是道让人忍不住一口接一口的用心粥品。

材料（1 人份）

- 白饭 150 克　猪绞肉 200 克
  干香菇 2 朵　葱 1 支
  香菜适量　芹菜适量

调味料

- 盐适量　白胡椒粉少许
  芝麻油少许

1 备好材料

干香菇泡水，待软化后切薄片；葱洗
净，切成葱花；芹菜洗净切末备用。

2 腌渍猪绞肉

猪绞肉中加入盐、芝麻油、白胡椒粉
搅拌均匀，腌渍约 20 分钟。

3 小火熬煮

将白饭加入滚水中煮至稠状，再加入
猪绞肉、香菇及葱花，煮 10 分钟，
起锅前加盐调味，并撒上香菜和芹菜
末即可。

营养重点

香菇是低热量、高蛋白食物，
含有多种优质氨基酸和维生
素，还含有丰富的食物纤维，
经常食用能降低血液中的胆
固醇。

海鲜粥

浓浓的海味，在鲜红虾子的衬托下更显鲜美可口，
此道粥用海洋的丰富营养，来供给孕妈咪滋补养胎所需的养分。

材料（1人份）

白饭 150 克　虾子 50 克
透抽 200 克　蛤蜊 100 克
油葱酥 5 克　芹菜适量

调味料

盐适量　食用油适量

1 备好材料

虾子洗净，去肠泥；透抽洗净，
切小块；蛤蜊洗净，泡盐水吐沙；
芹菜洗净，切末。

2 爆香材料

热油锅，爆香油葱酥，炒至香气
出来即可盛出备用。

3 烹调粥品

烧一锅滚水，放入白饭煮成粥状，
依序放入透抽、虾子、蛤蜊、油
葱酥，煮到蛤蜊开口、虾子变色，
起锅前加盐调味，再撒上芹菜末
即可。

芋头粥

绵软的芋头，经过红葱酥与芹菜末的提味，更显得香气四溢，白粥和芋头两者完美结合，令人想一碗接一碗地品尝。

材料（1人份）

白饭 150 克　猪绞肉 100 克
芋头 50 克　干香菇 2 朵
红葱酥 5 克　芹菜适量

调味料

盐 5 克　食用油适量

1 备好材料

干香菇泡水，待软化后切薄片；芋头去皮，切小块；芹菜洗净，切末。

2 炒香材料

起油锅，爆香香菇，加入猪绞肉炒至变色，再放入芋头炒至略微变色且飘出香气，盛出备用。

3 烹调粥品

烧一锅滚水，将炒过的材料放入锅中，以大火煮 5 ~ 10 分钟，待芋头熟透，放入白饭煮软，起锅前加盐调味，盛碗后加入红葱酥、芹菜末即可。

营养重点

芋头富含能够吸附胆酸、加速胆固醇代谢、促进肠胃蠕动的膳食纤维，还含有助于血压下降的钾、保护牙齿的氟等多种矿物质。

菠菜蛤蜊粥

味噌的咸香凸显蛤蜊肉的鲜美，浓郁的精华都在粥里，
爽口高纤的菠菜更增添粥品的口感。

扫一扫·轻松学

材料（1人份）

白饭 150 克　蛤蜊肉 70 克
菠菜 160 克　葱适量
姜末适量　蒜末适量

调味料

米酒适量　芝麻油少许
盐少许

1 备好材料

菠菜挑拣清洗后切小段；蛤蜊肉洗
净，沥干；葱洗净，切成葱花。

2 爆香材料

热锅中放入芝麻油，小火爆香姜
末、蒜末，放入蛤蜊肉、米酒拌炒。

3 烹调粥品

加入白饭、适量的水，煮成白粥后
放入菠菜，并加盐调味，煮熟后淋
上芝麻油、撒上葱花即可。

鲜滑鱼片粥

1~3 月 / 100 MIN

鱼肉柔软无刺，粥品浓郁香醇，尤其经过小火熬煮，
鱼肉更是入口即化，就是要让孕妈咪齿颊留香。

材料（1人份）

白米 150 克　草鱼肉 100 克
猪骨 200 克　豆皮 40 克
姜丝适量　葱花适量

调味料 A

太白粉适量　白胡椒粉少许
米酒少许

调味料 B

芝麻油适量　盐适量

1 备好材料

猪骨洗净，敲碎；豆皮用温水泡
软；白米洗净，用水泡开；草鱼
肉洗净，斜切成大片。

2 腌渍草鱼

将调味料 A 加入草鱼肉中拌匀，
腌渍 5 分钟至入味。

3 小火熬粥

将猪骨、白米、豆皮放入砂锅，
加入适量水，大火煮滚后改小火
慢熬 1.5 小时，挑出猪骨，放入
腌渍过的草鱼肉、姜丝，煮至鱼
肉熟软，再加盐调味，起锅前淋
入芝麻油、撒上葱花即可。

白菜排骨汤

1~3 月 · 30 MIN

白菜绵软，汤头加上葱与姜的提味，更显得清甜不腻，
每喝一口都可提振孕妈咪的精神。

扫一扫 · 轻松学

材料（1人份）

☐ 猪排骨 300 克　白菜 100 克
　葱段适量　姜片适量

调味料

☐ 米酒适量
　盐适量

1 备好材料

白菜洗净，切片；猪排骨洗净，剁
成小段。

2 氽烫排骨

烧一锅滚水，加少许盐，放入猪排
骨氽烫去血水，捞起备用。

3 砂锅熬汤

砂锅加水煮滚，先放白菜垫底，再
放入猪排骨、葱段、姜片、米酒，
用大火煮滚，盖上锅盖，转中火焖
煮 20 分钟，加盐调味即可。

菠菜鱼片汤

1~3 月　60 MIN

肥美的鲈鱼，肉质鲜嫩、味道鲜美，菠菜高纤、富含矿物质，
这道菜可让孕妈咪吸收到丰富的蛋白质与补血所需的营养。

材料（2 人份）

鲈鱼肉 250 克　菠菜 100 克
葱段适量　姜片适量

调味料

米酒适量　盐适量

1 备好材料
菠菜挑拣，清洗，切小段；鲈鱼肉洗
净，切成薄片。

2 腌渍鲈鱼
鲈鱼加米酒、盐腌渍 30 分钟入味。

3 烹煮汤品
锅中加油烧热，放入葱段、姜片爆
香，将鱼片略煎，加水煮滚后转小火
焖煮 20 分钟，最后撒入菠菜段，加
盐调味即可。

营养重点

鲈鱼所含的蛋白质质优、齐
全、易消化吸收，可健脾利
湿、和中开胃。

金针芦笋鸡丝汤

1~3 月　35 MIN

芦笋翠绿，富含的钙与维生素可以强健孕妈咪的骨骼与补充体力，
金针菇与鸡丝入味，让汤头更是鲜甜，让孕妈咪爱不释手。

材料（2人份）

鸡胸肉 100 克　芦笋 100 克
金针菇 20 克

调味料 A

蛋白 1 颗　太白粉适量
白胡椒粉适量

调味料 B

盐适量

1 备好材料

芦笋洗净，沥干，切段；金针菇洗
净，沥干；鸡胸肉洗净，切丝。

2 腌渍鸡肉

鸡肉丝加入调味料 A 拌匀，腌渍 20
分钟入味。

3 烹煮汤品

锅中放入清水，加入所有材料同煮，
待煮滚后加盐调味即可。

营养重点

芦笋含有多种维生素和矿物
质，以钙、铁、磷、钾为主。
可使骨骼强健，并能维持骨
骼及牙齿的发育。

小白菜丸子汤

1~3 月

15 MIN

汤头清爽顺口，肉丸子味美多汁，
还有小白菜带来孕妈咪身体所需的钙与膳食纤维。

材料（2 人份）

猪绞肉 150 克　蛋 1 颗
小白菜 200 克

调味料

米酒适量　盐适量

1 备好材料

小白菜洗净，切段备用。

2 调制肉馅

猪绞肉加入米酒、盐、蛋搅拌均匀，
调成肉馅。

3 烹调汤品

烧一锅滚水，转小火，将肉馅用汤匙
舀成丸子状，放入锅中，待煮熟后，
捞出浮沫，再加入小白菜续煮，煮滚
后加盐调味即可。

营养重点

小白菜含钙量高，也富含膳
食纤维，能促进肠壁的蠕动，
帮助肠胃消化，还能防止大
便干燥，且有利尿作用。

枸杞皇宫菜

1~3 月

10 MIN

艳红的枸杞点缀于翠绿的皇宫菜间，
淋上蚝油、芝麻油提香助威，让人有大快朵颐的冲动。

材料（2人份）

皇宫菜 240 克
枸杞适量

调味料

蚝油 30 毫升　芝麻油适量
盐适量

1 备好材料

将皇宫菜洗净，切去较硬的根部。

2 焯烫材料

烧一锅滚水，放入盐，先放入皇宫菜焯烫，再放入枸杞续煮，煮滚 3 分钟后捞出沥干。

3 盛盘前调味

煮熟的材料放入碗中，加入蚝油拌匀，淋上芝麻油，盛盘即可。

营养重点

枸杞含有蛋白质、游离氨基酸、牛磺酸、维生素 C、β – 胡萝卜素、钾、钙、镁、铁、锌等多种营养成分，具有补肾养肝、润肺明目等功效。

鲜笋炒鸡丝

1~3月　15 MIN

滑口的鸡胸肉与清脆的冬笋丝，每一口都顾及营养与健康，
让孕妈咪体内大扫除，吃起来没负担。

材料（1人份）

鸡胸肉 100 克　冬笋 50 克
红甜椒 30 克　高汤适量

调味料

太白粉适量　米酒适量
姜汁适量　盐适量
食用油适量

1 备好材料

鸡胸肉洗净，切成丝；冬笋洗净，
切成细丝；红甜椒洗净，去籽，
切丝。

2 腌渍鸡胸肉

鸡胸肉中加入盐、太白粉、米酒
搅拌均匀，腌渍 5 分钟入味。

3 鸡肉丝过油

热一锅油，放入鸡肉丝，迅速用
筷子拨散，直到鸡肉丝变白后立
刻取出，沥干油备用。

4 拌炒均匀

热锅中放入高汤，煮滚后加入冬
笋丝、盐、姜汁、米酒，汤滚后捞
去浮沫，待汤汁浓稠时，加入鸡肉
丝、红甜椒丝拌炒均匀即可。

蒜蓉空心菜

1~3 月　10 MIN

微呛的蒜蓉与爽脆的空心菜，口感多样，
没有太繁复的烹调过程，确确实实为孕妈咪呈现食物的原味。

材料（2 人份）

空心菜 400 克　蒜蓉适量

调味料

盐适量　食用油适量

1 备好材料
空心菜挑去老叶，切去根部，洗净
沥干，切成 3 厘米的长段。

2 爆香材料
热油锅，烧至五成热时，放入一半
的蒜蓉炒出香味。

3 大火快炒
加入空心菜，转大火炒至八成熟时，加
盐以及剩下的蒜蓉，翻炒拌匀即可。

营养重点

空心菜富含膳食纤维及粗纤
维，也具有利尿及消肿的功
效，能改善糖尿病患者的症
状，同时可促进胃肠蠕动，
改善便秘，降低胆固醇。

姜丝龙须菜

1~3 月　10 MIN

龙须菜味道清香，口感清脆、嫩滑，富含叶酸和铁质，
孕妈咪多吃对自己和胎儿都好处多多。

材料（2 人份）

龙须菜 350 克
姜丝适量

调味料

芝麻油适量　白醋适量
鲣鱼酱油适量　白糖适量
盐适量

1 备好材料
龙须菜洗净，切去较硬的根部，
切小段。

2 焯烫龙须菜
烧一锅滚水，放入龙须菜焯烫，
再加入姜丝略煮，一起捞出沥
干，放入碗中。

3 盛盘前调味
龙须菜和姜丝加入调味料 A，搅
拌均匀，盛盘即可。

蚝油芥蓝

芥蓝脆嫩、清甜，撒上柴鱼片更显鲜美，
可为孕妈咪补充大量维生素 C，让孕妈咪维持好气色。

材料（2人份）

芥蓝菜 350 克
柴鱼片适量

调味料

蚝油 15 克　白糖 5 克
食用油适量

1 备好材料
芥蓝菜洗净，切成段。

2 焯烫材料
烧一锅滚水，放入芥蓝菜焯烫，
捞出沥干，备用。

3 大火快炒
热油锅，放入芥蓝菜拌炒，再加
蚝油、白糖翻炒均匀，即可盛盘。

4 撒上柴鱼片
在炒好的芥蓝菜上面撒上柴鱼片，
即可享用。

开阳白菜

 1~3 月 10 MIN

包覆虾米鲜美海味的白菜，口口滑顺，不腻口又好消化，
这道菜只需付出轻松的体力负担，便能帮孕妈咪补充所需的多重营养。

材料（2人份）

- 大白菜 100 克
- 虾米 10 克

调味料

- 太白粉适量
- 盐适量　食用油适量

1 备好材料

白菜洗净，切成小段。虾米用水泡软，
洗净沥干。

2 快速翻炒

热油锅，放入虾米炒香，再加入白菜
快速翻炒至熟，并加盐调味，最后以
太白粉水勾芡即可。

营养重点

白菜含有丰富的维生素 C、
维生素 A、钾、镁、非水溶
性膳食纤维等营养素。钾含
量超过高丽菜，其中以芯的
部分最多。

丝瓜金针菇

1~3 月　10 MIN

金针菇与丝瓜合拍的鲜甜好滋味，以简单的调味方式呈现食物原味，
既可增加饱足感，所含的营养也让孕妈咪跟胎儿都能头好壮壮。

材料（2 人份）

丝瓜 250 克　金针菇 100 克
小银鱼 20 克　姜丝适量

调味料

太白粉水适量　盐适量
食用油适量

1 备好材料
丝瓜洗净，去皮切长条状；金针菇
洗净，切去根部。

2 拌炒均匀
热油锅，放入姜丝爆香，再加入小
银鱼、丝瓜、金针菇、盐拌炒均匀，
接着加入适量水。

3 大火焖煮
盖上锅盖，以大火焖煮 5 分钟至食材
熟透，起锅前用太白粉水勾芡即可。

丝瓜熘肉片

1~3 月　15 MIN

肉质鲜嫩的肉片，伴随微酸的醋香味，可引发食欲，
丝瓜不仅有甜味也吸收了肉汁精华，让孕妈咪好肤质、好气色。

材料（2 人份）

丝瓜 150 克　猪瘦肉 100 克
姜丝适量　葱段适量

调味料 A

太白粉适量　米酒适量
盐适量

调味料 B

白醋适量　食用油适量

1 备好材料

丝瓜洗净，去皮切片；猪肉洗净，
切成薄片。

2 腌渍猪肉

猪肉加调味料 A 腌渍 10 分钟。

3 拌炒均匀

热油锅，爆香葱段、姜丝，放入
猪肉片炒至变白，再放入丝瓜、
少许水，煮滚后加盐、白醋调味，
拌炒均匀即完成。

香煎鸡腿南瓜

1~3 月　30 MIN

香香甜甜的南瓜，焖软后也将甜味感染鲜嫩多汁的 Q 弹鸡腿肉，
两者的好滋味能强壮孕妈咪的骨骼，提升免疫力。

扫一扫·轻松学

材料（1 人份）

去骨鸡腿 150 克　南瓜 130 克
洋葱 50 克　食用油适量

调味料 A

白醋 20 毫升
白糖 15 克

调味料 B

米酒 15 毫升　盐 2 克
姜末 15 克　太白粉适量

1 备好材料

调味料 A 拌匀备用；南瓜洗净，
去皮切薄片；洋葱洗净，去皮切
丝；鸡腿肉洗净切块。

2 腌渍鸡腿肉

鸡腿肉加入调味料 B 腌渍 20 分
钟至入味。

3 香煎鸡腿肉

锅中注入适量油烧热，将腌好的
鸡肉下锅煎至其表面金黄，捞起
备用。

4 拌炒均匀

原锅中放入洋葱炒软，加入拌匀
的调味料 A，再放入南瓜微微
炒软，加点水焖一下，最后加入
鸡肉拌炒一下，即可盛盘。

南瓜炒肉丝

1~3 月 | 15 MIN

蔬菜的天然甜滋味与猪肉丝结合，让猪肉丝显得清爽不油腻，
丰富的钙质与蛋白质营养素，巩固孕妈咪跟胎儿的健康。

材料（2人份）

南瓜 250 克　猪肉丝 45 克
姜片 15 克　葱花适量

调味料

酱油适量　食用油适量

1 备好材料

南瓜洗净，去皮和籽，切成斜片;
猪肉丝洗净，沥干备用。

2 爆香食材

热油锅，爆香姜片，放入猪肉丝
拌炒 1 分钟。

3 拌炒均匀

加入南瓜，翻炒 2 分钟，加酱油
和水，盖锅盖煨煮一下，待南瓜
熟软，起锅前加入葱花即可。

金钱虾饼

1~3 月　20 MIN

金黄酥香的虾饼，每一口都隐含马蹄的甜脆口感，
让孕妈咪通过好料理幸福养胎。

材料（2人份）

- 虾仁 250 克
- 马蹄 4 颗

调味料

- 蛋白 1 颗　太白粉 5 克
- 米酒毫升　姜末 1 克
- 盐 1 克　食用油适量

扫一扫·轻松学

1 备好材料

虾仁洗净去肠泥，压成泥状后
剁碎；马蹄洗净，放进塑胶袋
中用刀背剁碎。

2 准备馅料

虾泥和所有调味料放进装有剁
碎马蹄的塑胶袋，一起搅拌至
出现黏性。

3 馅料塑形

将拌好的馅料分成大小一致的
小团，再整成圆饼状。

4 香煎虾饼

热油锅，放入虾饼，以中小火
煎至两面金黄熟透即可。

豆苗炒虾仁

1~3 月　10 MIN

豆苗色泽青嫩，清香脆爽，虾仁色泽红嫩，口感弹牙，
不仅色香味俱全而且富含各种营养素，让孕妈咪越吃越美丽。

材料（2人份）

- 豆苗 200 克
- 虾仁 25 克

调味料

- 酱油适量
- 盐适量

1 备好材料

豆苗挑拣后洗净，切段；虾仁洗净，
去肠泥。

2 香炒虾仁

热油锅，放入豆苗炒至半熟，然后把
虾仁倒进去同煮，加盐和酱油，略炒
至入味即可。

营养重点

虾含有丰富的蛋白质、矿物
质，其中镁对心脏活动具有
重要的调节作用，能防止动
脉硬化，有利于预防高血压
及心肌梗塞。

海味时蔬

 1~3 月   15 MIN

色彩缤纷的美味料理，鲜蔬爽脆，虾、墨鱼肉质弹嫩，
阵阵扑鼻的海洋鲜味令人垂涎欲滴。

材料（2人份）

- 剥壳虾5只　墨鱼70克
- 鲷鱼50克　黄甜椒30克
- 荷兰豆50克　竹笋80克
- 姜末适量

调味料A

- 淡色酱油适量
- 米酒适量

调味料B

- 芝麻油适量
- 盐适量　食用油适量

1 备好材料
竹笋洗净，切片；黄甜椒洗净，去籽，切滚刀块；墨鱼洗净，切斜片；鲷鱼洗净，切斜片；荷兰豆洗净，去蒂，切粗丝。

2 汆烫材料
烧一锅滚水，加入少许盐，焯烫竹笋、荷兰豆，捞出；再汆烫虾子、墨鱼、鲷鱼片，捞出备用。

3 香炒海味
热油锅，爆香姜末，先下蔬菜翻炒，再加入海鲜、调味料A、黄甜椒翻炒，起锅前，淋入少许芝麻油即可。

蘑菇鸡片

 1~3 月 15 MIN

芦笋的脆、蘑菇的甜，更增添鸡胸肉的清爽，是道能量满溢的料理，
能帮助孕妈咪保持好心情，还能促进胎儿神经细胞发育。

材料（2人份）

- 鸡胸肉 150 克　蘑菇 70 克
- 芦笋 50 克　高汤适量

调味料 A

- 蛋白 1 颗　太白粉适量
- 淡色酱油适量

调味料 B

- 芝麻油适量　米酒适量
- 盐适量　食用油适量

1 备好材料

鸡胸肉洗净，切片；蘑菇洗净，对半切开；芦笋洗净，切斜段。

2 腌渍鸡肉

鸡胸肉片中加入调味料 A 腌渍入味。

3 香炒鸡肉片

起油锅，将鸡肉片略炒至变白，放入蘑菇、芦笋翻炒，加米酒、盐拌炒均匀，再加入高汤煮滚，起锅前淋上芝麻油即完成。

营养重点

蘑菇富含锌、镁、铁、钙、叶酸、膳食纤维及丰富的 B 族维生素，可提高免疫力、止咳化痰、通便排毒、促进食欲。

鲜虾芦笋

加了姜片更凸显鲜虾的鲜甜味，炸过的鲜虾，口感更是 Q 弹，
翠绿的芦笋，有益胎儿健康发育，更能提升孕妈咪的新陈代谢。

材料（2 人份）

☐ 草虾 100 克　芦笋 200 克
☐ 姜片适量　鸡汤适量

调味料 A

☐ 太白粉适量
☐ 米酒适量

调味料 B

☐ 太白粉水适量　蚝油适量
☐ 盐适量　食用油适量

1 **备好材料**
草虾去壳，挑去肠泥；芦笋洗净，
切长段。

2 **腌渍鲜虾**
草虾先用调味料 A 拌匀，腌渍 5 分
钟至入味。

3 **焯烫芦笋**
烧一锅滚水，放入芦笋焯烫至熟，
捞出沥干，盛盘备用。

4 **香煎鲜虾**
起油锅，将虾肉煎至两面金黄，取
出备用。

5 **香炒鲜虾**
另起油锅，爆香姜片，加入草虾、
鸡汤、蚝油及盐，待汤汁收浓，以
太白粉水勾芡，起锅后浇在已装盘
的芦笋上即可。

虾仁豆腐

 1~3 月 15 MIN

饱富虾仁鲜味的软绵豆腐，搭配肉质弹牙的虾仁，在口中真是绝妙滋味，
此道菜以最低的负担，滋养孕妈咪及胎儿最需要的养分。

材料（1 人份）

豆腐 200 克
虾仁 50 克

调味料 A

蛋白适量　太白粉适量
盐适量

调味料 B

太白粉水适量　芝麻油适量
盐适量　食用油适量

1 备好材料

豆腐切丁；虾仁挑去肠泥，冲洗
干净。

2 焯烫豆腐

烧一锅滚水，焯烫豆腐，将豆腐
定型。

3 腌渍虾仁

虾仁加入调味料 A 拌匀，腌渍 5
分钟至入味。

4 拌炒均匀

热油锅，放入虾仁、豆腐丁、少
许水，煮滚后加盐调味，续煮至
汤汁略收干，以太白粉水勾芡，
起锅前淋上芝麻油即可。

香烤鲑鱼

1~3 月　40 MIN

淋上柠檬汁后没有腥味的烤鲑鱼，充满着罗勒香气的酥香与幸福口感，
鲑鱼中特殊的营养成分，让孕妈咪放心地吃，越吃越苗条。

材料（2 人份）

鲑鱼 1 片　罗勒适量

调味料 A

白醋适量　白酒适量
盐适量

调味料 B

柠檬汁适量

1 备好材料

鲑鱼洗净；罗勒洗净，剁碎。

2 腌渍鲑鱼

将调味料 A 均匀涂抹在鱼身上，腌
渍 20 分钟入味。

3 香烤鲑鱼

将剁碎的罗勒平铺在鲑鱼上，再将
鱼放入烤箱烤至表面呈金黄色，且
鱼肉熟透，食用时淋上柠檬汁即可。

营养重点

鲑鱼富含脂肪，具有降低血
胆固醇、活化脑细胞以及预
防心血管、视力减退等功效。

冬瓜炖肉

1~3 月

30 MIN

咸香下饭的好滋味，不论拌饭、拌面都是令人胃口大开的好搭配，
冬瓜有利水的功效，可以当孕妈咪舒缓水肿的好帮手。

材料（2 人份）

猪绞肉 300 克　酱冬瓜 1 罐
蒜末适量

调味料

米酒适量　太白粉适量

1 备好材料
取出酱冬瓜，切成小丁。

2 拌匀肉馅
猪绞肉中加入冬瓜丁、蒜末、米酒、太白粉，抓拌均匀至出现黏性。

3 放入电锅
将拌好的肉馅放在容器中，稍加按压定型，放入电锅，外锅加200 毫升水，盖上锅盖，按下开关，蒸至开关跳起即可。

菠菜炒肉末

1~3
月

15
MIN

油亮的绿色菠菜，柔滑、软嫩好入口，
本道菜含有丰富的铁质，怀孕初期有头晕症状的孕妈咪可以多吃喔！

材料（2人份）

猪绞肉 50 克　菠菜 200 克
蒜末适量

调味料

芝麻油适量　盐适量
白糖适量　食用油适量

1 备好材料

菠菜挑拣后洗净，切段。

2 焯烫菠菜

烧一锅滚水，放入菠菜焯烫至八
分熟，捞起沥干。

3 拌炒均匀

热油锅，爆香蒜末，放入猪绞肉，
用小火翻炒至变白，再放入菠菜
段炒匀，接着加盐、白糖调味，
起锅前淋上芝麻油即可。

Part 3

怀孕中期
养胎瘦孕饮食安排

进入怀孕中期，孕妈咪必须增加热量及各种营养素。因此除了蛋白质外，需要补充铁、锌、碘、钙，以及维生素A、维生素D、维生素E、维生素B1、维生素B2、维生素C等，以促进胎儿神经、大脑、骨骼和牙齿等的发育。

怀孕中期多多补充：
钙质、维生素 D

维生素 D 主要来自两个途径，一个是通过阳光照射皮肤中的脂肪转化合成，另一个是经由摄取食物吸收。这两种维生素 D 都没有活性，必须经过肝脏处理及一连串化学反应，才能对血液中的钙产生代谢作用，并帮助血液将钙运送至骨骼。

因为接下来即将迎来胎儿的快速成长期，因此孕妈咪要提早开始补钙。如果此时孕妈咪缺钙，不仅容易导致骨质软化、腿抽筋、牙齿松动、四肢无力、关节疼痛、头晕、骨盆疼痛、妊娠高血压等不适，还会影响胎儿的智力、神经系统、骨骼等处发育不全，造成胎儿先天性缺陷。

因此，怀孕中期孕妈咪每日需要摄取 1000 毫克的钙质，主要从牛奶、优酪乳及起司等摄取，也可多吃富含钙质的食物。

此外，孕妈咪要特别注意，在补钙的同时还要补充磷，才能促进钙质吸收；而且要和铁分开补充，否则会相互影响吸收率，两者最好间隔 1 小时以上；平日多晒太阳，才能得到足够的维生素 D，促进钙质吸收。平日饮食时必须注意，不要将富含钙的食物与富含草酸的食物一同食用，如菠菜、茭白、竹笋等，这些食物容易造成钙质流失。

牛奶（钙质）

牛奶具有生津止渴、滋润肠道、清热通便、补虚健脾等功效。其所含的钙质是人体钙的最好来源，在人体内极易被吸收。而且钙磷比例合适，是促进胎儿骨骼发展最理想的营养食品，十分适合孕妈咪饮用。

干香菇（维生素 D）

干香菇含有多种维生素及 6 种多醣体，太阳晒过的香菇更含有大量维生素 D，可防治营养不良、贫血、佝偻症、慢性消化不良等疾病。多食用可让孕妈咪面色红润、气血充盈、容光焕发，还可增强免疫力，减少感冒。

怀孕月份

4~6 月

怀孕中期养胎瘦孕 1 日食谱

　　顺利进入怀孕中期，孕妈咪终于可以长舒一口气了，这将是孕妈咪感到最为舒适和惬意的 3 个月，也是相对来说最为安全的时期。

　　在这个阶段，胎儿越来越活跃，使孕妈咪能从体外感受到胎动。胎儿的身体器官和功能也在不断地完善，能听到来自外界的声音，也能感受到光线的强弱，更多的亲子互动和胎教可以在这一阶段进行。孕妈咪记得把握好孕期这段最难得的美好时光喔！

　　进入怀孕中期，除了要注意补充蛋白质和铁元素外，还要注意补充锌、碘、钙和维生素 D，以促进胎儿神经、大脑、骨骼和牙齿等发育。孕妈咪每日要摄取 15 毫克左右的锌，200 微克左右的碘，15 毫克的铁质，355 毫克的镁，400 微克的叶酸，以及 1000 毫克的钙。每日需增加 300 大卡的热量。

　　此外，孕妈咪也可以在医师的指导下，通过服用孕妈咪多种维生素制剂和微量元素制剂来补充营养。当然，如果经过检测，孕妈咪不缺乏营养，就不必额外补充喔！但还是要随时注意身体的改变，如有任何异常变化要记得告知医师。

中期
养胎瘦孕
饮食安排

早餐	香菇蛋花粥 (P051)
	肉炒三丝 (P075)
早点	南瓜煎饼 (P124)
午餐	蛋黄花寿司 (P046)
	蚝油鸡柳 (P069)
	蛤蜊汤 (P058)
午点	水果一份
晚餐	海鲜炒饭 (P047)
	木耳炒白菜 (P064)
	紫菜豆腐汤 (P055)
晚点	蜜汁甜藕 (P126)

蛋黄花寿司

4~6 月

15 MIN

平常忙碌的孕妈咪，再忙也要偷空变换一下生活形态，
以增添生活趣味，忙碌之余肚子饿了，来卷寿司，既新鲜又方便。

材料（2人份）

糖醋饭 150 克　蛋 1 颗
小黄瓜 30 克　胡萝卜 30 克
海苔 1 片

调味料

盐少许　食用油适量

1 备好材料
蛋在碗中打散；小黄瓜洗净，切丝；
胡萝卜去皮，切丝。

2 准备蛋丝
平底锅内加油烧热，倒入蛋液，撒
少许盐，煎成薄蛋皮，盛起后切丝。

3 汆烫食材
烧一锅滚水，加少许盐，将胡萝卜、
小黄瓜放入烫熟，捞起沥干备用。

4 卷寿司
海苔平铺在寿司帘上，把糖醋饭铺
在海苔上，并放上小黄瓜丝、胡萝
卜丝和蛋丝，将寿司帘卷起后捏紧，
用刀切开装盘即可。

海鲜炒饭

4~6月　15 MIN

丰盛的海味潜藏在米粒间，鲜香的美好滋味完全与米饭融合，
高营养价值、低热量的海鲜料理，懂孕妈咪要营养不要多余热量的心。

材料（2人份）

白饭 100 克　蛋 1 颗
墨鱼 1 只　虾仁 15 克
蒜末适量　葱花适量

调味料

太白粉适量　盐适量
食用油适量

1 备好材料
墨鱼洗净，切块；虾仁去肠泥，
洗净；蛋取出蛋黄，打散备用。

2 氽烫海鲜
墨鱼、虾仁放入碗中，加太白粉
和蛋清拌匀，放入滚水中氽烫至
变色，捞出备用。

3 准备蛋丝
平底锅内加油烧热，倒入蛋黄
液，煎成薄蛋皮，盛起后切丝。

4 拌炒均匀
另热油锅，爆香蒜末、葱花，放
入虾仁、墨鱼拌炒，加入白饭、
蛋丝、盐炒匀即完成。

鸡肉饭

4~6月　20 MIN

白饭淋上鸡汁，加上红葱头跟蒜片爆香提味，
可是会让孕妈咪食欲大开，忍不住多吃几碗的。

材料（2人份）

白饭150克　火鸡胸肉100克　鸡油60毫升
姜片2片　葱1支
蒜片适量　红葱头适量

调味料 A

调味料 B

米酒10毫升　红葱头适量
酱油少许　白糖少许

1 备好材料

火鸡胸肉洗净，放入滚水中，加入姜片，煮熟后捞起、切丝、放凉，鸡汤留下备用；葱洗净切段。

2 爆香材料

热锅，放入鸡油，以小火爆香葱段、红葱头、蒜片。

3 调制鸡汁

鸡汤加入调味料B，略为煮滚即可。

4 盛盘享用

盛好白饭，铺上火鸡胸肉丝，撒上爆香的材料，再淋上鸡汁即可。

营养重点

火鸡肉拥有"一高三低"的特性：高蛋白质、低热量、低胆固醇、低脂肪，更含丰富维生素、矿物质，很适合孕妈咪食用。

荷兰豆肉片面

4~6 月　40 MIN

简单的食材与调味，即能带出肉香与菜甜，尤其是享用自制的面条，
孕妈咪完全放心绝无多余的食品添加物。

材料（3 人份）

- 中筋面粉 300 克
- 高筋面粉 50 克
- 猪肉片 150 克　葱 1 支
- 荷兰豆 50 克　高汤适量

调味料 A

米酒少许　盐少许

调味料 B

食用油适量　盐适量

1 备好材料

葱洗净，切段；荷兰豆洗净，撕去粗丝；猪肉片加调味料 A 腌渍 5 分钟。

2 准备面条

将 2 种面粉充分混合，加入适量水将面粉搓揉成团，醒面 20 ~ 25 分钟后，将面团擀平，再切成面条，放入滚水中煮 3 ~ 5 分钟，捞起，沥干水分，加少许油抓拌均匀即可。

3 烹调肉片面

热锅中放入高汤煮滚，加入猪肉片、荷兰豆煮熟，再放入面条、葱段和盐调味即可。

猪骨西红柿粥

4~6月　70 MIN

熬煮过的西红柿果肉与米粒已融为一体，加上西红柿解腻的果香滋味，
这款浓郁汤头的粥品绝对可以提供孕妈咪与胎儿的营养需求。

材料（1人份）

白饭 150 克　西红柿 100 克
猪骨 100 克

调味料

盐适量

1 备好材料
猪骨用刀背敲碎；西红柿洗净，去
蒂，切块。

2 汆烫猪骨
烧一锅滚水，加少许盐，放入猪骨
汆烫去血水，捞起备用。

3 小火炖汤
猪骨和西红柿一起放入砂锅中，倒
入适量清水，用大火煮滚后转小火
炖约 1 小时。

4 熬煮粥品
将白饭放入炖好汤的砂锅中，大火
煮滚后转小火，煮至米烂汤稠，加
适量的盐调味即可。

香菇蛋花粥

4~6 月　20 MIN

经过香菜的提味，整碗粥充满香菇及蛋的香味，满满的香气扑鼻而来，粥品中含有孕妈咪需要的蛋白质，也兼顾胎儿成长需要的各种养分。

材料（2 人份）

白米 30 克　蛋 2 颗
干香菇 3 朵　虾米适量
香菜适量

调味料

盐适量　食用油适量

1 备好材料

香菇泡软，去蒂，切丝；蛋打散；香菜洗净，切小段；白米洗净；虾米洗净，沥干备用。

2 爆香材料

热油锅，放入香菇丝、虾米，大火快炒至熟，盛出。

3 烹调粥品

将白米放入锅内，加入适量清水，煮至半熟，倒入已爆香的材料，搅拌均匀，煮熟后均匀淋入蛋液，关火后再缓缓搅拌至蛋熟，最后加盐调味，并撒上香菜即可。

肉末菜粥

4~6月

30 MIN

新鲜猪肉也是提供血红素及铁质的好来源，
为了胎儿脑部发育着想，请孕妈咪谨记"一人吃两人补"喔！

材料（1人份）

白米 30 克　猪肉丝 20 克
上海青适量　葱花适量
姜末适量

调味料

盐适量　食用油适量

1 备好材料

上海青挑拣后洗净，切碎；猪肉丝剁成肉末。

2 爆香材料

热油锅，放入姜末、葱花爆香，再加入肉末炒至变色，盛出备用。

3 烹调粥品

将白米放入锅内，加入适量清水，煮至半熟，倒入已爆香的材料，搅拌均匀，煮至白米熟，再放入上海青同煮，菜熟后加盐调味即可。

营养重点

此粥含有丰富的优质蛋白质、脂肪酸、钙、铁和维生素 C，营养均衡且不油腻。

小银鱼粥

4~6月　10 MIN

孕妈咪养胎要存好骨本，食物中最佳的钙质来源当推小银鱼了，这道口感丰富的粥，蕴含了各式孕妈咪与胎儿需要的养分。

材料（2人份）

白饭 150 克　小银鱼 70 克
胡萝卜 20 克　鲜香菇 1 朵
小白菜 20 克

调味料

芝麻油少许　盐少许

1 备好材料

胡萝卜与鲜香菇洗净，切细丁；小白菜洗净，切丁；小银鱼泡冷水，洗净。

2 烹调粥品

烧一锅滚水，加入小银鱼、白饭、胡萝卜、香菇、盐，煮滚后加入小白菜，再次煮滚，起锅前淋上芝麻油即可。

营养重点

小银鱼含有钙、维生素 A、维生素 C、钠、磷、钾等营养素，易被人体肠胃道消化及吸收，对人体骨骼发育十分有益。

牡蛎豆腐汤

 4~6 月 10 MIN

随着胎儿成长及身体的些微变化，孕妈咪难免有些小忧心，
饱满的牡蛎与入口即化的豆腐，可助孕妈咪心神安定。

材料（2人份） 🍴

┌ 豆腐50克　牡蛎300克
│ 小白菜适量　葱花适量
└ 姜丝适量

调味料

┌ 芝麻油少许　白胡椒粉少许
└ 盐少许

扫一扫·轻松学

1 备好材料

把豆腐切成边长2厘米、厚0.7厘
米的方块；将牡蛎放入盐水中洗2
次后捞起，备用。

2 烹调汤品

烧一锅滚水，放入姜丝略煮；加入
豆腐，煮至沸腾，再放入牡蛎、盐，
待水再次煮滚，加入小白菜，并以
白胡椒粉调味，最后淋上芝麻油、
撒上葱花即完成。

营养重点

豆腐是高营养、低脂肪的
食物，有"植物肉"之称，
具有降血脂、保护血管、
预防心血管疾病的作用。
其富含的植物性蛋白质，
是吃素的孕妈咪不可或缺
的蛋白质来源之一。

紫菜豆腐汤

4~6月　10MIN

材料单纯、做法简单，但却富含对孕妈咪与胎儿极为重要的营养素，
此汤品也能增加孕妈咪的食欲，并有提升新陈代谢的功效。

材料（2人份）

豆腐 150 克　干紫菜 25 克
葱花适量

调味料

芝麻油适量　盐适量

1 备好材料

将干紫菜泡发，洗净；豆腐切块。

2 烹调汤品

锅内倒入适量清水，将紫菜、豆腐块放入锅中，用大火煮至豆腐膨胀，加盐调味，起锅前撒上葱花，淋入芝麻油即可。

营养重点

紫菜含碘量高，可用于预防因缺碘引起的甲状腺肿大。另外还富含胆碱、钙、铁，有助于增强记忆力、预防贫血、促进骨骼生长和保护牙齿的健康。

鲜虾豆腐汤

4~6 月　15 MIN

看似清淡却滋味不平凡的营养汤品，有葱花的提味，更凸显虾仁的鲜美，虾仁有弹性的肉质与豆腐柔软的口感一点也不冲突，真是美味的搭配。

扫一扫·轻松学

材料（1 人份） 🍴　调味料

虾仁 50 克　豆腐 200 克　　盐 5 克　米酒 5 毫升
葱花少许　高汤 500 毫升

1 备好材料

虾仁去肠泥，洗净；豆腐切小块。

2 氽烫材料

烧一锅滚水，加少许盐，将豆腐、虾仁放入，烫一下即可捞出沥干。

3 烹调汤品

锅中放入高汤，加适量水，煮滚后放入豆腐、虾仁，再次煮滚后捞去浮沫，加入盐、米酒续煮 5 分钟，起锅前撒入葱花即可。

营养重点

虾营养丰富，且其肉质松软，易消化。同时虾的通乳作用较强，并且富含磷、钙，对小儿、孕妇尤有补益功效。

鲜虾冬瓜汤

 4~6月 20 MIN

本汤品除了补充钙质，也可以有效地缓解怀孕期间的水肿，
还可让辛苦养胎的孕妈咪恢复好气色喔！

材料（2人份）

┌ 草虾 250 克　冬瓜 150 克
└ 姜片适量

调味料

┌ 芝麻油适量　盐适量
└ 白糖适量

1 备好材料

草虾去肠泥，洗净；冬瓜洗净去皮，切小块。

2 清蒸鲜虾

蒸锅水滚后放入草虾，蒸5分钟，取出并去壳，取出虾肉。

3 烹调汤品

烧一锅滚水，放入冬瓜与姜片，以中火煮滚后放入虾肉，加盐、白糖略煮，起锅前再滴入芝麻油即可。

营养重点

冬瓜的钠含量极低，可防水肿，且含有维生素C、特有的油酸及能抑制体内黑色素沉积的活性物质，是天然的美白润肤佳品。

蛤蜊汤

 4~6 月　 10 MIN

清爽无负担的汤品，鲜嫩多汁的鲜蛤肉，满溢着蛋白质与各种养分，
陪伴着孕妈咪与胎儿安心、健康地成长。

材料（2人份）

蛤蜊 300 克　姜丝少许
葱花少许

调味料

米酒适量　芝麻油适量
盐适量

1 备好材料

蛤蜊放入盐水中浸泡吐沙，吐完后
洗净。

2 烹调汤品

锅中加水煮滚，放入蛤蜊及姜丝、
盐、米酒，煮至蛤蜊的壳张开，立
即关火，撒上葱花，起锅前淋上芝
麻油即可。

营养重点

蛤蜊具有退热解火功效，且
含有铁质及丰富的蛋白质、
维生素、各种矿物质、牛磺
酸等营养素，对视力和肝脏
都有保护作用。

蛤蜊瘦肉海带汤

4~6月　30 MIN

随着胎儿渐渐成长，孕妈咪活动能力可能也不如平常了，
此汤品汤汁美味，配料多样，营养丰富，是增加孕妈咪体力的佳品！

材料（2人份）

蛤蜊500克　猪瘦肉100克
海带10克　姜片适量
葱花适量　辣椒片适量
高汤适量

调味料

米酒适量　白胡椒粉适量
盐适量　食用油适量

1 备好材料

海带放入清水中泡发后洗净沥
干，切小段；猪瘦肉洗净，切成
片；蛤蜊放入盐水中浸泡吐沙，
吐完后洗净。

2 氽烫材料

烧一锅滚水，加少许盐，分别氽
烫海带、猪肉片，取出沥干备用。

3 爆香材料

热油锅，先下姜片、辣椒片炒香，
再放入高汤煮滚。

4 烹调汤品

将海带放入汤中续煮15分钟，
接着放入猪肉片、蛤蜊，转小火
再煮5分钟，加入盐、米酒、白
胡椒粉调味，最后撒上葱花即可。

059

百合甜椒鸡丁

4～6月　15 MIN

百合有安定心神的效用，有助于让孕妈咪保持心情平稳，颜色亮丽的甜椒也让鸡腿肉品尝起来更增添清爽的口感。

材料（2人份）🍴

鸡腿 150 克　甜椒 20 克
百合 20 克　姜末适量
蒜末适量

调味料

盐适量　食用油适量

1 备好材料

鸡腿去骨，切小块；甜椒去籽，洗净，切小块；百合剥小片，洗净备用。

2 香煎鸡肉

热油锅，将鸡肉煎至微黄，再放入姜末、蒜末爆香，最后放入甜椒、百合炒熟，加盐调味即可。

营养重点

百合含有秋水仙碱、蛋白质、脂肪、钾、食物纤维、维生素 E、维生素 C，可以清心安神、润燥清热、滋补益气、增加免疫力。

百合炒肉片

4~6月 15 MIN

猪肉片肉质软嫩，百合入口微苦，但却有回甘的口感，刚好可以解腻，
本道菜不仅补血、高蛋白，又可安定心神喔！

材料（2人份）

┌ 猪瘦肉片 100 克　干百合 15 克
└ 蛋白 1 颗

调味料

┌ 盐适量　太白粉适量
└ 食用油适量

1 备好材料

干百合用水泡发，剥小片，洗净。

2 腌渍猪肉

猪瘦肉片加入盐、太白粉、蛋白
拌匀，腌渍入味，备用。

3 拌炒均匀

热油锅，放入猪瘦肉片滑炒至五
分熟，放入百合翻炒，加盐及少
量水煨一下，拌炒均匀即可。

三杯杏鲍菇

4~6 月 · 20 MIN

喜欢罗勒浓郁香气的孕妈咪，一定不能错过这道香气四溢的高纤料理，高营养价值、低热量的杏鲍菇，绝对是孕妈咪的养胎良伴。

扫一扫·轻松学

材料（2人份）

杏鲍菇 370 克　罗勒 20 克
蒜头适量　姜片适量

调味料

芝麻油 15 毫升　酱油 15 毫升
白糖 20 克　米酒适量
白胡椒粉适量　食用油适量

1 备好材料

杏鲍菇洗净，切滚刀块；蒜头洗净，去皮；罗勒挑拣洗净，沥干，备用。

2 杏鲍菇去水

热锅油，放入杏鲍菇炸去多余水分，捞起沥油备用。

3 爆香食材

砂锅中放芝麻油、少许油，以小火加热，放入蒜头、姜片爆香。

4 拌炒均匀

待姜片煸干后，加入酱油、白胡椒粉、白糖、杏鲍菇，转大火搅拌均匀，再加入罗勒，盖上锅盖，焖30秒，从锅缘下米酒，即可掀盖起锅。

菠菜炒鸡蛋

4~6 月　10 MIN

蛋香飘散，让菠菜显得更佳可口，简单食材却蕴含极高的营养价值，
为辛苦养胎的孕妈咪准备好抵御传染病的能力。

材料（2 人份）

- 菠菜 300 克　蛋 2 颗
- 蒜末适量

调味料

- 酱油适量
- 盐适量　食用油适量

1 备好材料
菠菜挑拣后洗净，切段；蛋打入碗中，搅散。

2 焯烫菠菜
烧一锅滚水，加少许盐，放入菠菜烫一下即可捞起。

3 香炒鸡蛋
锅中注油烧热，再将蛋液炒熟，取出备用。

4 拌炒均匀
原锅中加少许油烧热，爆香蒜末，倒入菠菜快炒，再加盐、酱油翻炒，最后倒入炒好的蛋，翻炒均匀即可。

营养重点

菠菜富含铁质、β－胡萝卜素、锌、磷等营养素，尤其维生素 A、维生素 C 的含量比一般蔬菜的高，是低热量、高膳食纤维、高营养的蔬菜。

木耳炒白菜

4~6 月　　15 MIN

本道菜肴富含膳食纤维，还有保持容光焕发的营养成分，简单却不平凡，孕妈咪随着活动量减少，若常感到有疲劳感，更要常食用本道菜肴。

 材料（2人份）

大白菜 300 克　木耳 50 克
葱丝适量　姜丝适量

调味料

太白粉水适量　芝麻油适量
酱油适量　白醋适量
白糖适量　盐适量　食用油适量

1 备好材料

木耳洗净，撕小片；大白菜洗净，去老叶，撕成小片，沥干备用。

2 拌炒均匀

起油锅烧至七分热，放入葱丝、姜丝炒香，再放入大白菜、木耳翻炒至熟，接着加盐、酱油、白醋、白糖拌炒均匀，最后以太白粉水勾芡，起锅前淋上芝麻油即可。

营养重点

木耳中铁的含量丰富，常吃能养血驻颜，令人肌肤红润，容光焕发；并含有维生素 K，能维持体内凝血因子的正常浓度，防止出血。

木耳炒肉丝

4~6月　15 MIN

饱含水分的绿豆芽、青椒，清爽不带油的木耳，
口感层次丰富，伴随酱油香气，是道佐饭的好佳肴。

材料（2人份）

瘦肉 150 克　木耳 50 克
青椒 25 克　绿豆芽 150 克
姜适量

调味料

酱油适量　盐适量
食用油适量

1 备好材料

木耳洗净，切丝；瘦肉洗净，切
丝；青椒洗净，去籽，切丝；绿
豆芽摘去根部，洗净；姜去皮，
切丝。

2 腌渍猪肉

肉丝用酱油拌匀，腌渍 5 分钟至
入味。

3 香炒肉丝

热油锅，放入肉丝翻炒至八分
熟，盛碗备用。

4 拌炒均匀

原锅中加少许油烧热，加入木
耳、青椒丝和绿豆芽拌炒熟，再
加盐、姜丝翻炒，接着倒入肉丝
拌炒均匀即可。

铁板豆腐

4~6
月

20
MIN

平凡的豆腐蕴含丰富的蛋白质，经过香煎后，有着外脆内软的口感，
令人垂涎，营养的胡萝卜也来顾好孕妈咪跟胎儿的视力健康。

材料（2人份）

鸡蛋豆腐 100 克　荷兰豆 60 克
木耳 40 克　胡萝卜 40 克
葱段适量　蒜末适量
香菜适量

调味料

芝麻油适量　蚝油适量
米酒适量　白糖适量
食用油适量

1 备好材料

鸡蛋豆腐切长条状；荷兰豆洗净，
去蒂头和粗丝；木耳洗净，切小片；
胡萝卜洗净，去皮，切片。

2 焯烫材料

烧一锅滚水，加少许盐，焯烫木耳、
胡萝卜、荷兰豆，捞出沥干备用。

3 香煎豆腐

起油锅，煎豆腐至两面金黄，推到
锅边，放入葱段、蒜末爆香，再加
入蚝油、白糖和焯烫过的食材，翻
炒均匀，加少许的水煨煮，最后加
入米酒、芝麻油拌炒均匀，起锅后
撒入香菜即可。

海参豆腐煲

4~6月 20 MIN

忙碌的孕妈咪，因为养胎，运动量也减少了，海参具有极高的营养价值，
可帮助孕妈咪修复肤质，补充体力。

材料（2人份）

- 海参2只　豆腐150克
- 小黄瓜片适量　胡萝卜片适量
- 姜片适量

调味料

- 米酒适量　酱油适量
- 盐适量　食用油适量

1 备好材料

剖开海参，洗净切段；豆腐切块，放入油锅中炸至金黄，捞出后沥干备用。

2 海参去腥

滚水中加入米酒、盐，放入海参汆烫去腥，捞出沥干备用。

3 烹煮料理

热油锅，爆香姜片，放入胡萝卜片、小黄瓜片拌炒均匀，接着放入海参、豆腐、酱油，加适量水煲煮至食材入味即完成。

菠萝鸡球

 4~6 月　 20 MIN

酸甜的菠萝，咸香的鸡腿肉，既开胃又能帮助消化，
弹润的鸡腿皮含有丰润肌肤的胶原蛋白，既补充营养又兼具美容效用。

材料（2人份）

- 去骨鸡腿肉 150 克　菠萝 50 克
  青椒 15 克　红甜椒 15 克
  蒜末适量　葱花适量

调味料

- 酱油适量
  白糖适量　食用油适量

1 备好材料

鸡腿肉洗净，切成大丁；菠萝洗净，取肉，切块；青椒、红甜椒分别洗净，去籽，切丁备用。

2 腌渍材料

鸡腿肉拌入酱油、白糖腌渍 10 分钟至入味。

3 香炒鸡肉

起油锅，爆香葱花、蒜末，将鸡腿肉与菠萝、青椒、红甜椒放入锅中拌炒，加少许水、酱油，焖煮至鸡肉熟透即可。

营养重点

菠萝含有丰富的维生素 C 与蛋白酶，除了可以帮助肠胃吸收及消化外，其酸甜的味道也有开胃的效果。

蚝油鸡柳

4~6月 20 MIN

鸡肉口感黏稠滑顺，充分吸附酱汁，完全不会干涩，
秋葵富含胎儿神经管发育所需的叶酸，最适合孕妈咪养胎时期食用。

材料（3人份）

鸡胸肉 350 克　木耳 40 克
黄甜椒 50 克　秋葵 50 克
姜末适量　蒜末适量

调味料

米酒适量　盐适量
太白粉适量　食用油适量
蚝油适量　白糖适量

1 备好材料
木耳洗净，切片；黄甜椒洗净，去籽，切条状；秋葵洗净，去蒂头；鸡胸肉洗净，切条状。

2 腌渍材料
鸡胸肉加入米酒、盐、太白粉拌匀，腌渍 5 分钟至入味。

3 焯烫材料
烧一锅滚水，加少许盐，焯烫木耳、秋葵、黄甜椒，捞出后沥干备用。

4 拌炒均匀
热油锅，放入胸鸡肉炒至八分熟后推到锅边，加入姜末、蒜末爆香，再加入蚝油、白糖、米酒、盐一起翻炒，接着加入少量水以及焯烫好的蔬菜拌炒均匀，收汁即可盛盘。

秋葵炒虾仁

4~6 月 · 10 MIN

秋葵切段后烹调更能入味，虾仁的鲜味经由鲣鱼酱油调味，
淡淡咸香更是诱人，是道味鲜、色美的营养料理。

扫一扫·轻松学

材料（2人份）

秋葵 130 克　白虾 150 克
姜 2 片　蒜末 10 克

调味料

鲣鱼酱油 15 毫升
盐 5 克　食用油适量

1 备好材料

秋葵洗净，去蒂头，切小段；白虾
去肠泥及壳，洗净后剖背。

2 爆香虾仁

热油锅，放入虾仁，煎至微香，盛
起备用。

3 拌炒均匀

原锅中直接爆香姜片、蒜末，放入
虾仁和秋葵，加盐和鲣鱼酱油调
味，拌炒均匀即完成。

金沙茭白

 4~6月 10 MIN

纤维多多的茭白，裹上黄澄澄的咸蛋黄，
不仅口感咸香爽脆，风味特殊，还可帮助孕妈咪强化肠道蠕动。

扫一扫·轻松学

材料（2人份）

┌ 茭白 250 克　咸蛋黄 1 颗
│ 咸蛋白 15 克　蒜末 15 克
└ 葱花适量

调味料
食用油适量

1 备好材料
茭白洗净，切滚刀块；咸蛋黄切碎，
咸蛋白也切碎备用。

2 炒香茭白
热油锅，放入茭白，转中火炒至表
面微微焦黄，盛起备用。

3 拌炒均匀
原锅中再下少许油，待油热后，爆
香蒜末和咸蛋黄，炒至咸蛋黄起泡
后倒入茭白拌炒，等蛋黄均匀沾裹
在茭白上后再加入葱花、咸蛋白，
稍微拌炒后即可盛盘。

六合菜

4~6
月

15
MIN

一道菜内包含了多种食材，每一口都有各种食材所含有的养分，
尤其是吸收各食材精华的入味粉丝，单吃也很有饱足感。

材料（2 人份）

猪肉 30 克　蛋 1 颗
黄豆芽 30 克　韭菜 30 克
粉丝 30 克　豆干 30 克
葱段适量　姜片适量

调味料

酱油适量
盐适量　食用油适量

1 备好材料

韭菜洗净，切段；粉丝泡发；豆干、
猪肉切丝；鸡蛋在碗中搅散。

2 香炒鸡蛋

起油锅，先将蛋液炒熟、炒散，盛
起备用。

3 拌炒均匀

原油锅中爆香葱段、姜片，放入肉
丝、豆干丝、韭菜段、粉丝、黄豆
芽翻炒至熟，接着放入鸡蛋拌炒均
匀，加盐、酱油调味即可。

营养重点

韭菜不仅富含膳食纤维，其
所含的挥发油与硫化合物还
能抑菌、杀菌和提振食欲；
含有的钾、铁与叶绿素，能
改善贫血，促进骨骼及牙齿
发育。

鹌鹑蛋苋菜豆腐羹

4~6月　15 MIN

圆滚的鹌鹑蛋像珍珠一样飘在清淡的羹汤中，有助视觉享受，
富含微量元素等成分的鹌鹑蛋，可帮助胎儿成长，也能让孕妈咪心神安定。

材料（2人份）

- 熟鹌鹑蛋 100 克　嫩豆腐 100 克
- 苋菜 130 克　姜片少许
- 葱花少许

调味料

- 太白粉水适量　芝麻油适量
- 盐适量　食用油适量

1 备好材料

豆腐洗净，切成小方块；苋菜洗净，切小段。

2 慢火烹调

起油锅，爆香姜片，放入苋菜炒软，再加水和鹌鹑蛋焖煮，加盐调味，汤汁滚后加入豆腐，用锅铲轻轻推动，起锅前以太白粉水勾薄芡，最后淋上芝麻油、撒上葱花即可。

营养重点

鹌鹑蛋含蛋白质、卵磷脂、B 族维生素、铁、磷、钙等营养素，对贫血、养颜、美肤的功用尤为显著。

菠菜鸡煲

4~6 月

15 MIN

波菜及鸡肉所蕴含的营养与烹调的美味，
有助于孕妈咪保持心情愉悦，并能安心入睡，一夜好眠。

材料（2 人份）

鸡肉 200 克　菠菜 100 克
干香菇 3 朵　冬笋 30 克
蒜末适量

调味料

米酒适量　酱油适量
盐适量　食用油适量

1 备好材料

鸡肉剁成小块；菠菜挑拣后切段；
干香菇泡软，切块；冬笋切成片。

2 氽焯烫菠菜

烧一锅滚水，加少许盐，放入菠菜
烫一下即捞起沥干。

3 拌炒均匀

起油锅，放入蒜末、鸡肉、香菇拌
炒，再放入米酒、盐、酱油、冬笋，
炒至鸡肉熟透。

4 盛盘享用

菠菜放在盘中铺底，将炒熟的食材
倒入即可。

肉炒三丝

4~6 月　10 MIN

香菇的香，胡萝卜的甜，还有充满光泽的滑嫩肉丝，
以及吸收各食材风味的豆皮，给孕妈咪多的健康、少的负担。

材料（2人份）

猪肉 250 克　胡萝卜 100 克
豆皮 50 克　干香菇 30 克
葱花适量　姜末适量

调味料

盐适量　食用油适量

1 备好材料

猪肉洗净，切丝；胡萝卜洗净，
去皮切丝；豆皮洗净切丝；干香
菇用水泡开，洗净切丝。

2 油滑肉丝

热油锅，放入肉丝迅速滑散，炒
至八分熟，捞出沥油备用。

3 拌炒均匀

原锅中另加些油烧热，爆香葱
花、姜末，放入胡萝卜丝，以大
火翻炒，再加入豆皮丝、香菇丝
继续翻炒 3 分钟，最后放入肉丝
拌炒均匀，加盐调味即可。

山苏炒小鱼干

4~6
月

10
MIN

咸香的小鱼干与山苏拌炒，山苏的黏液将小鱼干润泽的好入口，
本菜高钙、高纤又可降血压，是针对孕妈咪营养需求的完美订制。

材料（2人份）

□ 山苏 300 克　小鱼干 30 克
□ 蒜末少许　豆豉少许

调味料

芝麻油适量　食用油适量

1 备好材料

山苏洗净，将较粗的茎撕除；小鱼
干洗净，豆豉泡水去除多余盐分，
取出沥干备用。

2 爆香材料

热油锅，爆香蒜末、豆豉，放入小
鱼干炒香。

3 大火快炒

加入山苏以大火快炒，炒至山苏熟
透，表面看起来油油亮亮，起锅前
淋上芝麻油即可。

营养重点

山苏富含蛋白质、多种维生
素、钙、钾、镁、铁、锌等
营养素，具有利尿功能，并
可预防贫血、高血压和糖尿
病等，其含有的膳食纤维还
可预防孕妈咪便秘。

怀孕后期
养胎瘦孕饮食安排

怀孕后期的孕妈咪要适当增加蛋白质的摄取，确保钙和维生素 D 的足量供应，减少脂肪和碳水化合物的摄取，补充足量的维生素，适当增加宵夜，继续禁食刺激性食物，不仅能养出头好壮壮的宝宝，自己也能保持苗条的身材。

Part 4

怀孕后期多多补充：
铁质、蛋白质

铁质是人体形成血红素的主要成分，并能协助人体造血。血红素能携带充足的氧气供应全身细胞及组织器官，促进血液循环，使脸色红润。铁质也能帮助免疫系统保持正常运作，预防疾病的发生。孕妈咪此时因为怀孕，所以容易缺乏铁质，引起缺铁性贫血。

加上此时期胎儿的体重大幅增长，脑细胞也在迅速增殖，需要大量的蛋白质支援。因此，孕妈咪应适当增加对蛋白质的摄取，其中动物性蛋白质应占每日摄取量的一半以上。

补充足够的蛋白质及铁质，不仅能够满足胎儿的发育需要，还能使孕妈咪减少难产的概率，避免出现孕期贫血、妊娠高血压以及营养缺乏性水肿、产后乳汁分泌不足等病症。

孕妈咪每日应比怀孕前多摄取 10 克的蛋白质，确保每日摄取量为 60 克，可以通过吃鸡蛋、牛奶、黄豆、豆腐、豆干、瘦肉等食物进行补充。怀孕后期每日铁质摄取量应为 45 毫克，可吃肝脏、红肉、鱼贝类、蛋黄、鱼子酱、核果类、黄豆、豆制品、芦笋、葡萄干、红糖等补充。

此时期的孕妈咪每日需增加 300 大卡的热量，但每人每天的总热量需视孕妈咪的年龄、活动量、怀孕前的健康状况及体重增加情形而加以调整。如有需要，可在医师建议下选用市面上孕妈咪专用的综合营养素，以补充孕期足够的矿物质和维生素。

牛肉
（富含铁质）

铁是生成红血球的主要原料之一，孕期若有缺铁性贫血，容易导致孕妈咪头晕无力，也会影响胎儿的发育。牛肉中的铁质丰富，孕期贫血的孕妈咪可以多食用。

豆腐
（富含蛋白质）

孕期中若出现体重减轻、水肿以及营养不良的症状时，很有可能是蛋白质摄取不足，而豆腐含有优质蛋白质，不管是吃荤或吃素的孕妈咪都可以食用，但要注意，孕妈咪如果容易胀气则要少吃。

怀孕后期养胎瘦孕 1 日食谱

在怀孕后期，胎儿不断长大，发育加快，孕妈咪的代谢也在增加，而胎盘、子宫、乳房也在不断增长，需要大量的蛋白质供应，以提供足够的营养和热量。

孕妈咪在整个孕期都需要补充钙质，尤以怀孕后期的需求量为最大，这是因为胎儿牙齿和骨骼的钙化在加速。其体内钙质有一半以上是在怀孕后期储存的，因此需要更多的钙质。而摄取更多的维生素 D，能够促进钙质吸收。因此在怀孕后期，孕妈咪每日应摄取不少于 1000 毫克的钙和 50 微克的维生素 D。

过多的脂肪和碳水化合物会使孕妈咪摄取过多热量，加上怀孕后期活动量减少，很容易使体重增长过快，或使胎儿生长过大，对分娩造成影响。

此时期的孕妈咪如果出现水肿、高血压的症状，应采取少盐、利尿的饮食，例如：红豆、丝瓜、冬瓜等食物。临产前可吃一些补虚温中而营养丰富的食物，例如：虾米炒海参、鲜蔬虾仁等。

孕妈咪要继续贯彻少量多餐的饮食原则。如果孕妈咪的体重一直控制在合理范围内，还可以每日增加一次宵夜，但在宵夜中应尽量选择易消化、少盐、少糖、少油的食物。对于咖啡、浓茶、味道辛辣的和油炸的食品等刺激性食物，孕妈咪一定要忌口，否则会出现或加重痔疮的情况。

后期养胎瘦孕饮食安排

早餐 生姜羊肉粥 (P085)
清蒸茄段 (P095)
清炒包菜 (P094)
早点 冬瓜干贝汤 (P113)
午餐 木须炒面 (P081)
虾仁炒萝卜 (P096)
牛肉蘑菇汤 (P088)
午点 南瓜糯米球 (P125)
晚餐 猪肝炒饭 (P080)
翡翠透抽 (P100)
菠萝苦瓜鸡汤 (P090)
晚点 水果一份

猪肝炒饭

7~10
月

15
MIN

酱油炒过的米饭透着微微酱香，留有姜丝爆香的些微呛味，
增加了米饭在口腔的味觉层次，高蛋白的黑豆也丰富了炒饭的口感。

材料（1 人份）

猪肝 150 克　白饭 150 克
姜丝适量　黑豆适量

调味料 A

白糖适量　淡色酱油适量

调味料 B

米酒适量　盐适量
白胡椒粉适量　食用油适量

1 备好材料

黑豆洗净，放入清水泡软；猪肝洗净，切片。

2 腌渍猪肝

猪肝加入调味料 A 腌渍 10 分钟入味。

3 香煎猪肝

热油锅，放入猪肝微煎，取出备用。

4 烹调炒饭

留锅底油，爆香姜丝，加入白饭炒匀，再加盐、黑豆、白胡椒粉、猪肝续炒 1 分钟，起锅前加少许米酒即可。

木须炒面

7~10月　15 MIN

醋香、白胡椒粉香、酱香……各种香气提味，伴着浓郁的美食香气，
足以令孕妈咪迫不急待地想赶紧大快朵颐。

材料（2人份）

- 木耳 60 克　鸡蛋 1 颗
- 面条适量　肉丝 100 克
- 胡萝卜 80 克　葱段适量

调味料 A

- 乌醋 5 毫升
- 酱油适量
- 白糖适量

调味料 B

- 白胡椒粉 5 克
- 乌醋 5 毫升
- 芝麻油适量　食用油适量

1 备好材料

木耳洗净，切丝；胡萝卜洗净，去皮，切丝；鸡蛋在碗中搅散成蛋液。

2 焯烫材料

烧一锅滚水，放入面条煮至七分熟时，放入胡萝卜、木耳一起焯烫，再全部捞出备用。

3 炒香鸡蛋

热油锅，将一半的蛋液放入，炒熟、炒散后盛起备用。

4 拌炒均匀

锅中续加些许油，爆香葱段，加入肉丝炒散，再加入调味料 A、焯烫过的食材和面条，转大火，快速翻炒，加入少许的水、白胡椒粉和炒熟的蛋，接着加入剩余的蛋液、乌醋炒匀，起锅前淋上芝麻油即可。

南瓜胡萝卜牛腩饭

肥美的牛腩入口即化的鲜嫩感，光是想像就令人口水直流了，
配上甜美的胡萝卜与南瓜，要开始担心不够吃了。

材料（1人份）

白饭 150 克　牛腩 100 克
胡萝卜 20 克　南瓜 50 克

调味料

盐适量　食用油适量

1 备好材料

胡萝卜、南瓜洗净，去皮，切块；
牛腩洗净，切块。

2 炖煮材料

热油锅，放入胡萝卜、南瓜小火微
煎，再加入盐、适量的水炖煮，煮
沸后放入牛腩，炖煮 45 分钟，直
至牛腩、南瓜和胡萝卜软烂，食用
前将煮好的食材淋在白饭上即可。

红烧牛肉饭

7~10 月 60 MIN

对于需要蛋白质与铁质来补充营养的孕妈咪与胎儿，
享有"肉中骄子"美称的牛肉，堪称是最适合的食材之一。

材料（1人份）

牛肉 200 克　白萝卜 70 克
胡萝卜 40 克　葱花适量
姜末适量　白饭 150 克

调味料

豆瓣酱适量　米酒适量
酱油适量　白糖适量
食用油适量

1 备好材料

胡萝卜、白萝卜洗净，去皮，切
块；牛肉洗净，切块。

2 拌炒均匀

热油锅，先爆香葱花、姜末，再
加入豆瓣酱、酱油、白糖，搅拌
均匀后放入牛肉，快速翻炒入
味，最后加入米酒、胡萝卜和白
萝卜略为拌炒即关火。

3 砂锅焖煮

将做法 2 的材料倒入砂锅中，加
水盖过牛肉块，焖煮 45 分钟，
食用前将料理淋在白饭上即可。

牛肉粥

7~10 月 · 40 MIN

随着胎儿长大，孕妈咪要承受的身体负担越来越大，
牛肉可为孕妈咪补足养胎的体力，微微的蛋香佐着葱香，好好享用吧！

材料（1 人份）

牛肉 50 克　胡萝卜 100 克
白米 50 克　蛋黄 1 颗
姜丝适量　葱花适量

调味料

米酒适量　盐适量

1 备好材料
牛肉切丝；胡萝卜洗净，去皮切丝；
白米洗净，加水泡开。

2 准备白米粥
白米加适量的水，煮至八分熟。

3 腌渍牛肉丝
牛肉丝用姜丝和米酒腌渍 5 分钟。

4 氽烫材料
烧一锅滚水，加少许盐，放入姜丝、
盐与牛肉丝氽烫去血水，将牛肉丝
捞起，沥干。

5 烹煮粥品
牛肉丝、胡萝卜丝倒入白米粥内，小
火煮 20 分钟，加入蛋黄搅散至熟，
起锅前加盐调味、撒上葱花即可。

生姜羊肉粥

7~10 月　15 MIN

生姜切末后多汁的生姜香味与白米粥更是充分地结合，既不辣又开味，与有益气血的羊肉搭配，用温和又稳定的力量来支持孕妈咪养胎。

扫一扫 · 轻松学

材料（2 人份）

羊肉 100 克　生姜 30 克
白米粥适量

调味料

胡椒粉适量　盐适量

1 备好材料

羊肉切成小片；生姜洗净去皮，切成细末。

2 烹调粥品

锅中放入适量水加热，再加入白米粥、姜末、羊肉片，小火慢煮至沸腾，起锅前，加入盐与胡椒粉调味即可。

豆腐牛肉粥

7~10 月

20 MIN

富含优质氨基酸、各类矿物质的黄豆，以豆腐的形式入菜，
让孕妈咪好吸收、好消化，将养分源源不绝地供给胎中宝贝。

材料（1 人份）

白饭 20 克　豆腐 20 克
牛绞肉 15 克

调味料

盐适量

1 备好材料

豆腐切成可入口的大小。

2 熬煮白米粥

锅里放入牛绞肉和水，煮沸后放入
白饭，以中火熬煮。

3 烹调粥品

待米粒煮软，粥水转浓，加入豆腐，
转小火边煮边搅拌，食材煮熟后，
关火盖上锅盖闷 5 分钟，起锅前加
盐调味即可。

营养重点

牛肉含有蛋白质、维生素 A、
B 族维生素、铁、锌、钙、氨
基酸等营养素，易被人体吸
收，不仅可以预防贫血，亦
可促进细胞生长发育。

海鲜菇菇粥

海鲜是人体所需优质蛋白质的来源之一，所含的不饱和脂肪酸，
能有效降低血液中的低密度胆固醇，孕妈咪可以适量食用。

材料（1 人份）

白饭 150 克　墨鱼 200 克
鲜蚵 100 克　虾子 100 克
柳松菇 35 克　芹菜 20 克
蒜头适量　姜片适量

调味料

酱油适量　白胡椒粉适量
盐适量　食用油适量

1 备好材料

芹菜洗净，切末；鲜蚵、柳松菇
洗净，沥干；蒜头洗净，切片；
虾子带壳处理干净；墨鱼处理干
净，切小块。

2 爆香材料

热油锅，爆香蒜片、姜片，加入
适量的酱油及水煮沸。

3 烹调粥品

锅中依序加入白饭、墨鱼、鲜蚵、
虾子，煮沸，加入柳松菇，再加
盐、白胡椒粉调味，起锅后撒上
芹菜末即可。

牛肉蘑菇汤

7~10 月

50 MIN

高营养价值的养胎圣品——牛肉，除了可入菜、熬粥，也可幻化成汤品，与甜甜的胡萝卜、蘑菇一起熬煮更凸显软嫩、鲜甜的好滋味。

材料（2人份）

蘑菇 100 克　葱头 100 克
胡萝卜 150 克　牛肉 50 克
牛肉汤 150 毫升

调味料

盐适量　食用油适量

1 备好材料
蘑菇洗净，切小块；胡萝卜洗净，去皮切小块；葱头洗净，切丁。

2 焯烫蘑菇
烧一锅滚水，加少许盐，放入蘑菇，烫熟后取出备用。

3 焖煮牛肉
热油锅，放入胡萝卜、葱头，以小火微炒，再放入牛肉焖煮 40 分钟至熟烂。

4 烹调汤品
另取锅子，倒入牛肉汤，放入做法 3 的食材及蘑菇，同煮至熟烂，起锅前加盐调味即可。

牛肉萝卜汤

7~10 月　30 MIN

白胖的白萝卜切片煮汤，让人原本烦躁的心情顿时舒爽，
或许是熟悉的家常滋味，会让孕妈咪想到小时在妈妈怀抱的温暖回忆。

扫一扫·轻松学

材料（2 人份）

☐ 牛肉 100 克　白萝卜 100 克
☐ 蒜末适量　葱段适量

调味料

☐ 米酒适量　太白粉适量
☐ 酱油适量　盐适量

1 备好材料

白萝卜洗净，去皮后切薄片；牛肉
洗净，切丝。

2 腌渍牛肉

牛肉中丝加入酱油、米酒、蒜末，
搅拌均匀，再放入太白粉拌匀，腌
渍入味。

3 烹调汤品

锅中放入适量的水及白萝卜，熬煮
至白萝卜变软，接着放入腌好的牛
肉丝，煮熟后加盐调味，起锅前放
入葱段即可。

菠萝苦瓜鸡汤

7~10 月　40 MIN

与菠萝一同腌渍的苦瓜，只保留咸香美味，少了让人皱眉的苦味，
浓郁的汤头蕴含食材精华，修补孕妈咪的气血，增添养胎元气。

材料（2 人份）

带骨鸡腿 150 克　腌渍菠萝 30 克
苦瓜 80 克　姜片适量

调味料

米酒适量　盐少许

1 备好材料

鸡腿洗净，切块；菠萝切小片；苦
瓜洗净，去籽，切小块。

2 汆烫鸡肉

烧一锅滚水，放少许盐，放入鸡肉
汆烫去血水，捞起沥干备用。

3 炖煮汤品

锅中加入适量水，放入汆烫好的鸡
肉、苦瓜、姜片、菠萝、米酒，待
煮滚后盖上锅盖，小火焖煮 30 分
钟，起锅前加盐调味即完成。

金针菇油菜猪心汤

7~10 月 · 30 MIN

汤头清爽不油腻，猪心切片口感扎实，另有大量营养鲜蔬的汤料，
每一口都喝得到食材的精华，实实在在抚慰孕妈咪的纷扰心思。

材料（1 人份）

猪心 1 个　金针菇 20 克
油菜 50 克

调味料

盐适量

1 备好材料

油菜挑拣后洗净，切小段；泡发
金针菇；猪心洗净，对半切开。

2 汆烫猪心

烧一锅滚水，放入猪心，汆去血
水；再将猪心放入水中，大火煮
开后转小火煮 20 分钟，切薄片。

3 烹调汤品

另烧一锅滚水，放入猪心片、金
针菇、油菜，煮滚后加盐调味即
完成。

白萝卜海带排骨汤

海带是富含钙和碘的天然食材，并跟白萝卜一样也富含膳食纤维，不仅可以滋补蛋白质、矿物质，还能帮孕妈咪清理肠道废物。

材料（2人份）

排骨 400 克　新鲜海带丝 50 克
白萝卜 100 克

调味料

米酒适量　芝麻油适量
盐适量

1 备好材料

海带洗净，沥干备用；白萝卜洗净，去皮切长条状；排骨洗净，剁成小块。

2 汆烫排骨

烧一锅滚水，加少许盐，放入排骨汆烫去血水，捞起备用。

3 炖煮汤品

所有材料和米酒一起放入锅中，加适量的清水煲煮约 20 分钟，待食材熟软，加盐、芝麻油调味即可。

海带芽味噌鲜鱼汤

7~10 月

20 MIN

煮熟透的鲈鱼在汤品中轻轻一碰肉质即可散开，鱼肉吸附汤汁精华，
入口即齿颊留香，伴着软软的海带芽一起品尝，轻松好消化。

材料（2人份）

鲈鱼 300 克　海带芽适量
葱花适量

调味料

味噌适量　食用油适量

1 备好材料

鲈鱼洗净，切块；海带芽洗净，泡水
备用。

2 烹调汤品

热油锅，炒香葱花，加适量水，把鲈
鱼放入，先大火煮滚再转小火，放入
海带芽同煮，最后加入味噌在汤中搅
匀调味即可。

营养重点

味噌富含蛋白质、铁质、钙
质、维生素 B_1、维生素 B_2
等，烹调时勿滚煮太久，以
免其营养流失。

清炒包菜

7~10
月

10
MIN

包菜大火快炒更能紧紧锁住食材本身丰富的天然养分，
简单的调味，清脆、微甜的口感，即可成为孕妈咪的餐桌要角。

材料（2 人份）

┌ 包菜 200 克　姜末适量
└ 蒜末适量

调味料

┌ 芝麻油适量　盐适量
└ 食用油适量

1 备好材料

包菜洗净，切片。

2 香炒包菜

热油锅，油烧至八分热，爆香姜末、
蒜末，放入包菜大火快炒至熟，起
锅前加盐、芝麻油调味即可。

营养重点

包菜含有 B 族维生素、维生
素 C、维生素 K、钙、磷、钾、
有机酸等营养素，具有凝固
血液、促进新陈代谢、修复
黏膜的功效，其中的膳食纤
维亦可促进排便，预防便秘
产生。

清蒸茄段

7~10月 20 MIN

茄子富含人体所需的养分，又富含膳食纤维，
以清蒸淋酱的方式烹调，清爽、美味，又可帮助孕妈咪提升新陈代谢率。

材料（2人份）

┌ 茄子1条
└ 蒜末适量

调味料

┌ 酱油适量　乌醋适量
└ 芝麻油适量　盐适量

1 备好材料
茄子对剖，切长段，放入碗中。

2 调制酱汁
将蒜末、酱油、乌醋、盐和芝麻油搅匀，调成酱料。

3 蒸熟茄子
茄子皮朝下放入蒸锅，大火蒸熟后取出茄子，沥干水分，淋上酱汁即可。

营养重点

茄子的紫色皮中含有丰富的维生素E和类黄酮等营养素，能防止微血管破裂出血，预防坏血病及促进伤口愈合。

虾仁炒萝卜

7~10 月　15 MIN

白萝卜入菜依旧不改清爽、微甜的本色，因吸附了鲜虾汁液，
增添了鲜美的海味，Q弹的鲜虾肉质，经葱、姜提味，更芬芳诱人。

材料（2人份）

白虾100克　白萝卜100克
葱花适量　蒜末适量

调味料

淡色酱油适量　米酒适量
芝麻油适量　盐适量
食用油适量

1 备好材料

白虾洗净，备用；白萝卜洗净去皮，
切成细长条状。

2 氽烫白虾

烧一锅滚水，放入白虾、米酒，将
白虾烫熟，取出放凉后剥去虾壳，
即为虾仁。

3 爆香材料

热油锅，爆香蒜末、葱花，再放入
白萝卜、酱油、米酒、盐，加少许
水煨煮至白萝卜变软。

4 虾仁拌炒

原锅中加入虾仁拌炒均匀，起锅前
淋上芝麻油即完成。

虾米炒海参

7~10 月　20 MIN

由虾米提鲜的海参，软软滑溜，鲜美非常，
加上调味料中的酱油香与酒香，更提升味道的层次，是道拌饭佳肴。

材料（2人份）

- 干海参150克　虾米15克
- 葱段适量　姜末适量
- 高汤适量

调味料

- 太白粉水适量　米酒适量
- 酱油适量　盐适量
- 食用油适量

1 发涨海参

干海参放入锅内，加适量清水并
盖上锅盖，以小火煮滚后关火，
让海参泡在热水中发涨至变软，
捞出，剖肚，挖去内肠，刮净肚
内和表面杂质，再用清水洗净。

2 备好材料

虾米洗净后泡水；在发涨完成的
海参肚内划十字花刀。

3 汆烫海参

烧一锅滚水，将海参放入略煮，
捞出后沥干水分，放凉并切小块
备用。

4 煨煮材料

热油锅，爆香姜末、葱段，倒入
高汤、米酒、酱油搅拌均匀，接
着放入海参、虾米，转小火煨煮，
煮滚后以太白粉水勾芡，加盐调
味即可。

虾皮烧豆腐

 7~10 月 15 MIN

豆腐和虾皮都是含钙量很高的食材，是很适合养胎孕妈咪的营养佳肴，尤其虾皮的鲜香、葱香及酱香扑鼻而来，更是令人胃口大开。

材料（2 人份）

豆腐 100 克　虾皮 10 克
姜末适量　葱花适量

调味料

酱油适量　太白粉水适量
白糖适量　盐适量　食用油适量

1 备好材料
豆腐切成可入口的大小，备用。

2 氽烫虾皮
烧一锅滚水，放入虾皮氽烫，捞起备用。

3 爆香材料
热油锅，爆香姜末、虾皮，炒至散发出香味即可。

4 烹煮材料
放入豆腐、酱油、白糖、盐、适量的水，与虾皮一起煮滚，再以太白粉水勾芡，起锅前撒入葱花即可。

营养重点

虾皮富含蛋白质和矿物质，尤其钙的含量极为丰富，有"钙库"之称，是补钙的较佳食材。

鲜蔬虾仁

7~10月　15MIN

山药含多酚氧化酶，有利于增强脾胃消化吸收功能，
虾仁清淡爽口，易于消化，这道菜很适合消化不良的孕妈咪食用。

材料（2人份）

虾仁 100 克　山药 100 克
西芹 30 克　胡萝卜 30 克

调味料

太白粉适量　米酒适量
芝麻油适量　白糖适量
盐适量　食用油适量

1 备好材料

山药去皮，盐水浸泡后切丁；西
芹洗净，切丁；胡萝卜洗净，去
皮，切丁；虾仁去肠泥，洗净。

2 腌渍虾仁

虾仁中加入盐、米酒、白糖，腌渍
20 分钟至入味，下锅前再裹上太
白粉。

3 拌炒均匀

热油锅，将虾仁、胡萝卜同炒至半
熟，再放入山药、西芹，所有食材
炒熟后，加盐、芝麻油调味即可。

翡翠透抽

7~10月　15 MIN

翠绿的西芹、鲜红的胡萝卜，搭配香Q弹牙的透抽，
让人有视觉与味觉的双重享受，可让孕妈咪一口接一口地停不下来。

材料（2人份）

透抽1只　西芹200克
胡萝卜适量　辣椒适量
蒜末适量　姜末适量

调味料

米酒适量　盐适量
食用油适量

1 备好材料

透抽洗净，切花刀后切片；西芹洗
净，切长条状；胡萝卜洗净去皮，
切长条状；辣椒洗净去籽，切丝配
色用。

2 焯烫食材

烧一锅滚水，放入胡萝卜、西芹焯
烫后捞起，再放入透抽烫至变白后
捞起。

3 大火快炒

热油锅，以小火爆香蒜末、姜末，
再转大火，放入西芹、胡萝卜、透
抽拌炒均匀，淋上米酒，最后加盐
调味即可。

砂仁鲈鱼

鲈鱼肉质鲜美，而且富含易被人体吸收的营养成分，
对孕妈咪及胎儿都是极佳的营养来源，配上芳香的砂仁，绝对开胃。

材料（2 人份）

鲈鱼 500 克　砂仁 20 克
葱丝适量　姜丝适量

调味料

米酒适量　酱油适量
太白粉水适量　盐适量
食用油适量

1 备好材料

砂仁洗净，敲碎；鲈鱼去鳞及内
脏，洗净，抹干水分，在鱼身上
斜划两刀。

2 清蒸鲈鱼

将砂仁、米酒、盐均匀抹在鱼身
上，入锅隔水蒸 12 分钟后取出。

3 准备芡汁

热油锅，爆香葱丝、姜丝，加入
酱油及适量水煮滚，用太白粉水
勾芡，再将芡汁淋在蒸好的鱼上
即可。

猪肉芦笋卷

7~10 月　20 MIN

猪肉卷薄薄地裹上面粉后微煎，为肉香更增添淡淡的面粉香气，
也让猪肉上色更均匀，配上鲜绿的芦笋，让眼睛跟嘴巴同步享用美食。

材料（2人份）

- 猪五花肉片 270 克
- 芦笋 80 克　面粉适量

调味料

- 黑胡椒粉适量
- 盐少许　食用油适量

扫一扫·轻松学

1 备好材料

芦笋洗净，切小段，放入滚水中烫 3 ~ 5 分钟，捞起后放入冷水中，沥干备用。

2 肉片卷芦笋

将五花肉片对半切并铺平，撒上少许盐、黑胡椒粉，接着用五花肉片将芦笋卷起来，再以牙签固定。

3 沾裹面粉

取一小盘，放入适量面粉，将猪肉芦笋卷表层均匀沾上面粉。

4 香煎猪肉芦笋卷

热油锅，将卷好的猪肉芦笋卷下锅煎熟即可。

豆腐肉饼

7~10 月

20 MIN

丰富的蛋白质，只需少量的体力就可做成，每咬一口都蕴含肉汁精华，淡咸中带着微甜的滋味，是道会令孕妈咪感到满足的美食。

扫一扫·轻松学

材料（1 人份）
- 猪绞肉 200 克　板豆腐 200 克
- 洋葱 25 克　蛋 1 颗

调味料 A
- 白胡椒粉 2 克
- 盐 3 克

调味料 B
- 酱油 15 毫升　味淋 15 毫升
- 米酒 15 毫升　白醋 30 毫升
- 白糖 15 克　蚝油 5 克

调味料 C
- 太白粉 60 克
- 食用油适量

1 备好材料

将调味料 B 与 150 毫升水混合均匀成酱汁备用；将板豆腐压成泥状，沥干多余的水分；猪绞肉用刀剁细至出现黏性；洋葱洗净，去皮切末。

2 拌匀馅料

将豆腐、猪绞肉、洋葱、蛋、太白粉和调味料 A 放入容器中混合并搅拌均匀，即为馅料。

3 香煎豆腐肉饼

热油锅，将馅料整成大小一致的圆饼状，以中小火将肉饼煎至两面金黄，即可盛起；将原锅中多余的油倒掉，放入调好的酱汁，煮至沸腾，加少许米酒，最后加入太白粉水勾芡，放入豆腐肉饼再煮 1 分钟即完成。

菠菜炒牛肉

7~10 月

10 MIN

肉丝口感嫩滑，肉汁的浸润让菠菜口感更滑顺，提升每一口的营养价值感，本道菜含有充沛的铁质、蛋白质，可以帮孕妈咪好好补一下精力。

材料（2人份）🥄🍴

菠菜 300 克　牛肉丝 200 克
蒜头适量

调味料

米酒适量　太白粉适量
白胡椒粉适量　盐适量　食用油适量

1 备好材料
菠菜洗净，去根部，切段。

2 腌渍牛肉丝
牛肉丝中加入米酒、白胡椒粉、盐和太白粉，抓腌入味。

3 略炒食材
热油锅，放入牛肉丝略炒至五分熟，盛起备用。

4 拌炒均匀
原锅中下少许油，小火爆香蒜头，再转大火，放入菠菜拌炒均匀，炒至菠菜变软，加入牛肉丝炒30秒，加盐调味即可。

肝烧菠菜

沾裹红薯粉的猪肝，口感更显滑嫩，这道补血养生料理，
可以增进食欲、改善肠道蠕动，猪肝是补血的好食材，一起尝尝看。

材料（1 人份）

┌ 猪肝 200 克　菠菜 200 克
└ 红薯粉 100 克　蒜末适量

调味料

┌ 米酒适量　　白糖适量
└ 酱油适量　　食用油适量

1 备好材料

猪肝洗净，切片；菠菜洗净，切
长段。

2 腌渍材料

猪肝加入酱油、米酒、白糖拌匀，
再加入红薯粉沾匀，静置 5 分钟
入味。

3 酥炸猪肝

热油锅，放入猪肝炸酥，捞出备用。

4 香炒材料

留锅底油，爆香蒜末，放入菠菜炒
软，再加入猪肝翻炒，最后加入酱
油、米酒、白糖，拌炒均匀即可。

姜丝炒肚丝

处理得宜的猪肚，又嫩又好吃，对于最近显得有点疲惫、虚弱的孕妈咪而言，猪肚是很适合的补气食材，也可以帮胎儿打打气。

材料（2 人份）

┌ 姜丝 50 克　猪肚 200 克
└ 胡萝卜丝适量

调味料

┌ 白醋适量　冰糖适量
├ 芝麻油适量　盐适量
└ 食用油适量

1 备好材料

猪肚洗净。

2 清炖猪肚

猪肚放入砂锅，加适量的水，小火炖煮 1 小时后捞出，待凉切丝。

3 香炒猪肚

热油锅，爆香姜丝，放入胡萝卜丝炒熟，再加入猪肚丝，最后加入白醋、冰糖及盐调味，拌炒均匀，起锅前淋上芝麻油即可。

莲藕炖牛腩

莲藕所含的特殊营养成分，有助于让孕妈咪安定心神，
尤其汤汁清甜、口感轻软，让食用者好吸收、好消化，是食补的好料理。

材料（2 人份）

牛腩 150 克　莲藕适量
胡萝卜适量　黄豆适量

调味料

盐适量

1 备好材料

牛腩洗净，切大块，并切掉肥油；
莲藕与胡萝卜去皮洗净，切块；
黄豆放入清水中泡发。

2 汆烫牛腩

烧一锅滚水，加少许盐，放入牛
腩汆烫去血水，捞起备用。

3 小火慢炖

将所有材料放入锅内，加入适量
清水，大火煮沸后转小火慢煲 3
小时至牛腩软烂，出锅前加盐调
味即可。

牛蒡炒肉丝

7~10 月　20 MIN

牛蒡富含膳食纤维，可加速肠胃内老废物质的排出，
有利于孕妈咪吸收足够的养分来照顾自己与胎儿。

材料（2 人份）

牛蒡 200 克　瘦猪肉 100 克
姜丝适量　葱花适量

调味料 A

蛋白 1 颗　酱油适量
白糖适量　太白粉适量

调味料 B

酱油适量　白糖适量
盐适量　食用油适量

1 备好材料

瘦猪肉洗净，切丝；牛蒡洗净，去
皮切丝，泡在盐水中。

2 腌渍猪肉丝

猪肉丝加入调味料 A 拌匀，腌渍 10
分钟至入味。

3 香炒材料

热油锅，爆香姜丝，放入猪肉丝炒
散，再放入牛蒡、酱油、白糖，加
适量的水，小火煨煮 2 分钟至熟，
撒上葱花即可。

芹菜炒肉丝

7~10 月　20 MIN

简单又美味的芹菜炒肉丝上桌啦，爽脆的西芹口感，
让腌渍入味的猪肉丝一点也不会有腻口的感觉，美味又健康。

材料（2 人份）

- 猪瘦肉 250 克　西芹 100 克
- 葱花适量　姜丝适量

调味料 A

- 太白粉适量　酱油适量
- 白糖适量

调味料 B

- 米酒适量　酱油适量
- 白糖适量　盐适量
- 食用油适量

1 备好材料

西芹挑拣洗净，切斜刀；瘦猪肉
洗净，切丝。

2 腌渍猪肉丝

猪肉丝加入调味料 A 拌匀，腌渍
10 分钟至入味。

3 香炒材料

热油锅，爆香姜丝，放入肉丝和
西芹翻炒，用米酒呛锅，加酱油、
白糖、盐调味，加少许水小火煨
煮，起锅前，加入葱花即可。

猪肉炖豆角

翠绿有口感的豆角、油脂分布均匀的梅花猪肉，
咸甜的香气及食材透出的油量色泽，哇！孕妈咪记得擦口水喔！

材料（2人份）

梅花猪肉 200 克　豆角 120 克
胡萝卜 100 克　姜片适量
蒜末适量

调味料

米酒适量　酱油适量
白糖适量　食用油适量

1 备好材料

豆角洗净，切段；胡萝卜洗净，去
皮，切长条状；梅花猪肉切块。

2 香煎猪肉

热油锅，将猪肉煎至两面焦黄。

3 小火焖煮

加入姜片、蒜末爆香，再加入胡萝
卜、豆角翻炒均匀，放米酒、白糖、
酱油调味，待酱汁煮滚，加水淹过
食材的一半并搅拌均匀，等再次煮
滚后盖上锅盖，转小火焖煮 15 分
钟至食材熟透、收汁即可。

Part 5

养胎瘦孕小点心

孕妈咪 10 月养胎，除了要提供胎儿足够的营养，自己的体重也要控制在合理范围内，因此贯彻少量多餐的饮食原则尤为重要。如果孕妈咪在正餐后仍感到饥饿，可在两餐中补充一些营养美味、膳食纤维高及热量低的小点心。

莲藕排骨汤

1~10 月　70 MIN

熬煮入味的汤头鲜甜可口，有排骨天然油脂的滋润，
莲藕口感更是轻软绵密，吃进体内既补营养又帮助消化。

材料（2 人份）

莲藕 200 克　排骨 150 克
红枣 30 克

调味料

盐适量　白糖适量

1 备好材料

莲藕去皮，切小块；红枣清水冲洗。

2 汆烫排骨

烧一锅滚水，加少许盐，放入排骨
汆烫去血水，捞起备用。

3 烹调汤品

将所有食材放入锅中，加适量水煮
滚，再转小火加盖续煮 1 小时，起
锅前加入适量盐、白糖即可。

营养重点

莲藕含有维生素 C、蛋白质
及氧化酶等营养成分，有助
于解烦渴及安定心神。

冬瓜干贝汤

冬瓜营养价值高，富含多种微量元素的干贝可以稳定孕妈咪的情绪，
本汤品还可缓解孕妈咪的水肿困扰，又可让孕妈咪精神舒缓及放松喔！

材料（2人份）

┌ 冬瓜 130 克
└ 干贝 20 克

调味料

　　盐适量

1 备好材料

冬瓜削皮，去籽，洗净后切片；干贝洗净，浸泡 30 分钟，去掉老肉。

2 烹调汤品

冬瓜、干贝放入锅内，加适量水焖煮 10 分钟，起锅前加盐调味即可。

营养重点

干贝富含蛋白质、核酸、核黄素和钙、磷、铁等多种营养成分，对头晕目眩、口干舌燥、脾胃虚弱等症，有很好的治疗作用。

肉片粉丝汤

1~10 月 · 20 MIN

腌过的猪肉片，肉质滑嫩好入口，营养价值高，
可提高孕妈咪的免疫力，并可为胎儿提供丰富的营养。

材料（2人份）

猪肉 100 克　粉丝 50 克
葱段适量　姜丝适量

调味料 A

太白粉适量　米酒适量
盐适量

调味料 B

盐适量　芝麻油适量

1 备好材料

粉丝放入冷水泡开；猪肉洗净，切片。

2 腌渍猪肉

猪肉加调味料 A 拌匀，腌渍 10 分
钟至入味。

3 烹调汤品

锅中注入适量的水煮滚，放入猪肉
片、葱段、姜丝略煮，再放入粉丝，
煮熟后加盐调味，起锅前淋上芝麻油
即可。

肉丝银芽汤

本道汤品香脆可口，黄豆芽中所含的维生素，有益于补气养血，供给人体需要的 B 族维生素，非常适合孕妈咪食用。

材料（2 人份）

黄豆芽 100 克　猪肉 50 克
粉丝 25 克

调味料

米酒适量　盐适量
食用油适量

1 备好材料

粉丝放入冷水泡开；猪肉洗净，切丝；黄豆芽挑拣，洗净。

2 香炒材料

热油锅，放入黄豆芽、肉丝翻炒至八分熟，加入米酒、盐、粉丝和适量的水，煮滚加锅盖再煮 5 分钟即可。

营养重点

黄豆芽含有 β－胡萝卜素、B 族维生素、维生素 E、叶酸等营养素。能保护皮肤和微血管，消除身体疲惫，防止动脉硬化，亦是美容养颜圣品。

雪菜笋片汤

1~10 月　15 MIN

咸香的雪菜入汤，融合冬笋的清甜与肉汁香气，
整道汤品转化成咸甜的回甘好滋味，淋上芝麻油的油亮光泽更是诱人。

材料（2人份）

雪菜 50 克　冬笋片 60 克
瘦猪肉 25 克

调味料

米酒适量　芝麻油适量
盐适量　食用油适量

1 备好材料

雪菜切成细末，冬笋切片，瘦猪肉
切丝。

2 爆香材料

热油锅，爆香雪菜、笋片。

3 烹调汤品

做法 2 的锅中加水，煮滚后放入肉
丝迅速拨散，加盐与米酒，再次煮
滚即关火，最后淋上芝麻油即可。

营养重点

雪菜富含蛋白质、钙质、维
生素 C 以及植物纤维；冬笋
则含有高纤维与多种维生素，
适量食用可促进胃肠消化。

山药冬瓜汤

1~10
月

15
MIN

姜片微呛的口感，让看起来清淡的汤显得味道不凡，冬瓜绵软、山药轻软，
两者在口中激荡出不同的口感层次，是道解腻的好汤品。

材料（2 人份）

山药 135 克　冬瓜 220 克
姜片适量　葱段适量

调味料

芝麻油适量　盐少许

1 备好材料

山药、冬瓜洗净，去皮，切片。

2 烹调汤品

烧一锅滚水，将姜片、葱段下锅，
放入冬瓜、山药，煮滚后加盐调味，
起锅前滴入芝麻油即可。

营养重点

山药含有蛋白质、醣类、B
族维生素、维生素 C、维生
素 K、钾等营养素，具有健
脾益胃、补精益气、缓解便
秘的作用。

干贝丝烩娃娃菜

1~10月 15 MIN

娃娃菜水煮味道清甜，淋上含有干贝、虾米的华丽汤汁，
有别于一般的清炒，味道更加丰富，入口感受更多样化。

材料（2人份）

娃娃菜 250 克　干贝 20 克
虾米 15 克　姜末适量

调味料

蚝油适量　芝麻油适量
米酒适量　白糖适量
食用油适量

1 备好材料

娃娃菜洗净，去根部，对切；干贝
洗净泡开，压成丝状；虾米洗净，
浸泡备用。

2 水煮娃娃菜

烧一锅滚水，放入娃娃菜烫熟，捞
出盛盘。

3 准备汤汁

热油锅，爆香姜末，放入干贝、虾
米翻炒，加入蚝油、白糖、浸泡过
干贝和虾米的水、米酒，煮至微收
汁后淋入芝麻油，起锅将汤汁淋在
娃娃菜上即可。

板栗白菜

1~10 月　20 MIN

板栗营养丰富，对于需供应胎儿大量成长养分的孕妈咪而言，是很好的营养来源，其轻软香甜的味道，让白菜也变得更可口。

材料（2人份）

大白菜 300 克　板栗 100 克
葱花适量　姜末适量

调味料

太白粉水适量　盐适量
食用油适量

1 备好材料

板栗去皮，洗净；大白菜洗净，切成小片。

2 板栗过油

将板栗放进油锅内过油，取出后备用。

3 拌炒均匀

热油锅，放入大白菜略炒后盛出；原锅中再加些油烧热，炒香葱花、姜末，放入大白菜与板栗以中火翻炒，加适量水焖煮至熟，起锅前用太白粉水勾芡，加盐调味即可。

119

山药香菇鸡

1~10 月　20 MIN

弥漫在空气中的香菇香气，弹牙的鸡腿肉、轻软的胡萝卜与富含纤维的山药，除了感染香菇香气外也吸饱了鸡汁精华及酱油的咸香美味，既营养又可瘦身。

扫一扫·轻松学

材料（2 人份）

山药 100 克　胡萝卜 50 克
去骨鸡腿肉 150 克
干香菇 2 ~ 3 朵

调味料

米酒适量　酱油适量
白糖适量　食用油适量

1 备好材料

山药洗净，去皮切片；胡萝卜洗净，去皮切片；香菇泡软，去蒂，一开四；鸡腿洗净，切成 2 ~ 3 厘米的块状。

2 烹调材料

热油锅，放入鸡腿煎至表面焦黄，加山药、胡萝卜、香菇及米酒翻炒，再加酱油和白糖调味，最后放入泡香菇的水，再加少许水盖过食材的一半，煨煮至汤汁浓稠略收干即可。

凉拌素什锦

1~10
月

15
MIN

色彩缤纷的蔬菜拼盘，兼具赏心悦目与养分大补帖的功效，
膳食纤维大集合，帮孕妈咪清理肠胃，让身体可以更好地吸收养分。

材料（2人份）

胡萝卜100克　香菇100克
蘑菇100克　西红柿100克
玉米笋100克　马蹄100克
西蓝花100克

调味料

芝麻油适量　淡色酱油适量
白糖适量　盐适量

1 备好材料

胡萝卜去皮，洗净，切小段；香菇、
蘑菇与西红柿洗净，切片；玉米笋
洗净，切段；马蹄洗净，去皮切片；
西蓝花挑拣后洗净，切小朵。

2 焯烫材料

烧一锅滚水，加点盐，将所有材料
放入焯烫，熟了即捞起。

3 拌匀材料

将焯烫熟的所有食材放入盘中，加
芝麻油、盐、淡色酱油、白糖拌匀
即可。

营养重点

马蹄富含磷，能促进人体的
生长发育，对牙齿骨骼的发
育有很大好处；所含的维生
素A、维生素C，能抑制皮
肤色素沉着和脂褐质沉积。

121

西红柿蒸蛋

1~10 月

20 MIN

蒸蛋香气弥漫，蕴含着微微的西红柿酸甜香味，所含的养分，
让孕妈咪越吃越美丽，还可以增强血管弹性，展现好气色。

材料（2人份）

西红柿 200 克　蛋 1 颗
葱花适量

调味料

太白粉水适量　芝麻油适量
盐适量

1 备好材料

西红柿洗净，去皮，切丁；蛋打散，
加入盐、太白粉水搅拌均匀，用筛
网过滤蛋液。

2 香蒸西红柿蛋

蛋液中加入西红柿丁，放入蒸锅，
中火蒸 10 分钟后取出，撒上葱花，
淋上芝麻油即可。

营养重点

西红柿的茄红素是一种抗氧
化剂，有助延缓老化；所含
的类胡萝卜素、维生素 C 可
增强血管功能，有益于维持
皮肤健康。

五彩干贝

1~10 月　50 MIN

各色食材切丁，除了营养周到，也顾及方便入口咀嚼，容易消化，
让各色营养进驻孕妈咪体内守护胎儿。

材料（2人份）

干贝 40 克　南瓜 80 克
山药 100 克　西芹 100 克
红甜椒 50 克

调味料

太白粉水适量　米酒适量
蚝油适量　芝麻油适量
白糖适量　盐适量　食用油适量

1 备好材料

干贝浸泡；南瓜去皮，洗净，去籽，
切丁；山药洗净，去皮，切丁；西
芹洗净，切丁；红甜椒洗净，去籽，
切丁。

2 清蒸干贝

干贝加少许米酒，放入蒸锅蒸 30 分
钟，取出备用。

3 焯烫蔬菜

烧一锅滚水，加少许盐，依序焯烫
南瓜、山药，快熟时，再放入西芹、
红甜椒，烫熟了即捞出备用。

4 拌炒均匀

热油锅，放入做法 3 的蔬菜翻炒，
再加入干贝、蚝油、盐、白糖拌匀，
加入少量水，小火煨煮 3 分钟，接
着以太白粉水勾芡，起锅前，滴入
芝麻油即可。

南瓜煎饼

 1~10 月　30 MIN

香甜 Q 软不油腻，每个煎饼都有满满的南瓜泥，
即使是小点心，也提供了孕妈咪满满的营养喔！

扫一扫·轻松学

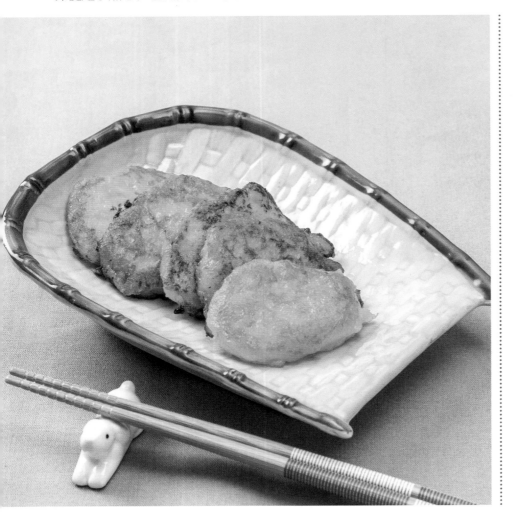

材料（2 人份）

南瓜 200 克
糯米粉 50 克

调味料

糖浆 15 克　食用油适量

1 备好材料

南瓜洗净去皮，放到内锅中，再将
内锅放进电锅中，外锅倒入 200 毫
升水，按下开关，蒸至开关跳起，
再将蒸熟的南瓜压成泥。

2 拌匀材料

南瓜泥中加入糯米粉跟糖浆拌匀，
即为南瓜糊。

3 香煎南瓜饼

热油锅，舀适量南瓜糊，压平后将
两面煎熟，重复此动作将所有的南
瓜糊煎成南瓜饼即可。

南瓜糯米球

1~10
月

40
MIN

色泽饱满的南瓜糯米球，都是天然的食材用心制作而成，
不添加任何的化学色素，让孕妈咪与胎儿安心享用。

扫一扫·轻松学

材料（2 人份）

南瓜泥 400 克　糯米粉 60 克
红豆泥适量

调味料

糖浆 30 克　食用油适量

1 备好材料

南瓜洗净去皮，放到内锅中，在将
内锅放进电锅中，外锅倒入 200 毫
升水，按下开关，蒸至开关跳起，
再将蒸熟的南瓜压成泥。

2 拌匀材料

将南瓜泥、糖浆、糯米粉混合，搅
拌均匀成南瓜面团。

3 包入红豆泥

将南瓜面团分成大小一致的小团，
每个小团揉圆压平后包入适量红豆
泥，再包起来，将收口收紧，捏成
圆球状，用叉子压出痕迹，放入抹
用油的蒸盘上。

4 放入蒸锅

待蒸锅水滚后，将南瓜糯米球放入
蒸锅中，蒸 25 分钟，蒸熟即完成。

蜜汁甜藕

1~10 月   60 MIN

莲藕的营养成分对于孕妈咪有安神、净血化瘀、清热解毒的功效，帮助孕妈咪维持神清气爽的好肤质与好气色。

材料（2人份）

- 莲藕 750 克　糯米 150 克
- 莲子 25 克

调味料

- 冰糖适量　蜂蜜适量
- 桂花酿适量　太白粉水适量

1 备好材料

莲藕洗净刷去外皮，切去一端藕节；糯米洗净，浸泡 2 小时，沥干备用。

2 香蒸莲藕

莲藕孔内灌入糯米，边灌边用筷子顺孔向内戳，将糯米填满藕孔后，放入蒸锅以大火蒸 20 分钟，蒸熟即可取出，微放凉后切片，备用。

3 制作淋酱

烧一锅滚水，放入冰糖和莲子，煮至莲子熟软，再放入蜂蜜、桂花酿煮滚，加入太白粉水勾芡，淋在蒸好的藕片上即可。

蜜枣南瓜

1~10 月　30 MIN

甜蜜又富含纤维与各式营养素的好滋味，天然的鲜艳色泽让眼睛为之一亮，也让孕妈咪甜甜蜜蜜地休息一下，暂时忘却心中的烦忧。

材料（2人份）

南瓜 200 克　蜜枣适量
白果适量　枸杞适量

调味料

白糖适量

1 备好材料

南瓜洗净，去皮，切丁；蜜枣、枸杞用温水泡发。

2 清蒸材料

将蜜枣、白果排入碗中，再放入南瓜丁，入蒸笼蒸 15 分钟，蒸熟取出后扣入盘中。

3 制作淋酱

锅中加入白糖与适量的水，煮滚后再放入枸杞，最后淋在蜜枣南瓜上即可。

木瓜牛奶

 1~10
月

 10
MIN

木瓜牛奶香气浓郁、甜美可口、营养丰富，
木瓜酶能清心润肺还可以帮助消化，对孕妈咪很有帮助喔！

材料（2人份）

木瓜 300 克
牛奶 500 毫升

调味料

白糖适量

1 备好材料
木瓜洗净，削皮切块。

2 制作果汁
果汁机中放入木瓜块、牛奶、白糖，
按下开关，确认木瓜皆已成汁液即
完成。

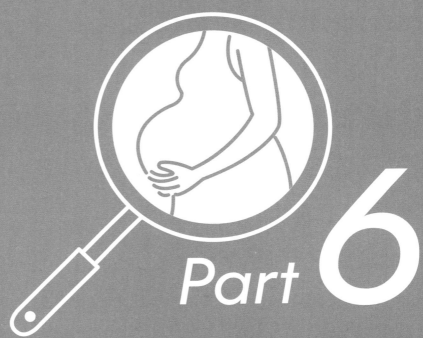

Part 6

养胎瘦孕
Q&A

孕妈咪的饮食营养决定了胎儿的生长和发育，对宝宝出生后的健康状况也有关键作用。如何做好孕期饮食调养是孕妈咪必修之课。在 10 月养胎期间，孕妈咪会遇到哪些饮食上的问题呢？该如何解决呢？让我们赶快来看以下的内容。

Q1 孕妈咪的主食需要注意哪些事项?

A1 孕妈咪要多吃粗粮,少吃精制主食。所谓精制主食就是将米、面粉等食物经过多道加工程序,制成精制米或精制面粉,而米和面的加工越细,谷物的营养素损耗就越多,所含营养成分就越少,会导致维生素 B_1 缺乏症。维生素 B_1 是参与人体物质和能量代谢的重要物质,如果孕妈咪缺乏维生素 B_1,就会使胎儿容易罹患先天性脚气病,以及吸吮无力、嗜睡、心脏扩大、心衰竭等疾病,还会导致出生后死亡。

Q2 孕妈咪在外进食吃得太咸怎么办?

A2 孕妈咪要尽量避免在外进食,否则较难以避免高热量、高油、过咸等问题。因此孕妈咪要管住嘴,如果遇到外食部分食物不健康,可以自带一些蔬菜色拉等口味清淡的食物。如果已经吃了较多过咸的食物,孕妈咪要增加日间饮水量,尽量析出体内的盐分,也可喝一些牛奶,但是不要在晚饭后饮水过多,以免加重水肿及夜尿。

Q3 孕妈咪可以吃巧克力吗?

A3 很多孕妈咪认为怀孕后不能吃巧克力。因为巧克力所含糖分很高,可能诱发妊娠糖尿病,而其中含有类似咖啡和茶的刺激成分,会影响宝宝神经系统发育。但芬兰最新研究发现,在妊娠期间爱吃巧克力的孕妈咪所生的宝宝在出生 6 个月后更喜欢微笑或表现出开心的样子,较不怕陌生人。因此,孕妈咪也能吃巧克力,只是要视自己身体状况及体重变化适量食用。

失眠怎么办?

1. 睡前喝 1 杯热牛奶

   睡前喝一杯加少量糖的热牛奶,能增加人体胰岛素分泌,促进色氨酸进入脑细胞,使大脑分泌有助于睡眠的血清素。牛奶中还含有微量吗啡式物质,具有镇定安神作用,能够促使孕妈咪安稳入睡。

2. 晚餐喝些小米粥

   将小米熬成稍微黏稠的粥,在睡前半小时适量进食,有助于睡眠。小米中的色氨酸含量极高,具有安神催眠作用,并且富含淀粉,进食后可促进胰岛素分泌,进而增加进入大脑的色氨酸含量,使大脑分泌更多有助于睡眠的血清素。

3. 适当吃些坚果

   坚果中含有多种氨基酸和维生素,有助于调节脑细胞的新陈代谢,提高脑细胞的功能。孕妈咪睡前适当吃些坚果,有利于睡眠。

4. 临睡前吃 1 个苹果

   中医认为,苹果具有补脑养血、安眠养神的作用,并且其浓郁的芳香气味,有很强的镇静作用,能催人入眠。

5. 在床头放 1 个剥开的柑橘

   孕妈咪吸闻柑橘的芳香气味,可以镇静中枢神经,帮助入眠。

Q4 不爱吃肉的孕妈咪能不能用蛋白质粉来补充蛋白质呢？

A4 孕妈咪最好不要以服用蛋白质粉的方式来补充动物蛋白质的不足。这是因为孕妈咪一旦服用蛋白质粉超标，很容易导致水肿、高血压、头疼、头晕等症状，会加重肾脏负担，对母婴健康都十分不利。若一定要服用，须遵照医嘱行事。

Q5 孕妈咪可以吃含草酸的食物吗？

A5 菠菜、竹笋、茭白等蔬菜不仅营养丰富，还含有孕妈咪所必需的叶酸，但是这些食物中均含有较多的草酸。草酸会破坏人体对蛋白质、钙、铁、锌等营养素的吸收，长期食用会导致胎儿生长缓慢或发育不良。但是这些食物也不是不能食用，孕妈咪可以定期少量进食，在烹调时一定要先用开水烫一下，去掉大部分草酸，再进行后续烹制，并避免营养素流失。

Q6 孕妈咪可以吃火锅吗？

A6 孕妈咪应避免在外用餐，尤其要避免在外吃火锅，这是因为一般餐厅所使用的汤底、食材的安全卫生无法让人放心。如果孕妈咪偶尔想吃一次火锅，可以在家中自行准备材料，把关好食物安全。在吃火锅时，一定要注意将食物烫透、烫熟后再吃，尤其是肉类食物，其中含有很多弓形虫病菌，短暂加热很难杀死，一旦被孕妈咪吃进肚中，病菌会通过胎盘传染给胎儿，造成发育受阻甚至畸形。此外，要多备一双夹取生食物的筷子，生、熟食物分开夹取，避免生食物中的细菌和病菌被筷子带入口中。

不爱吃肉怎么办？

1. 选择近似动物蛋白的植物蛋白

   近似动物蛋白的植物蛋白主要是指豆类及豆类制品。豆类食物中的植物蛋白质中的氨基酸组成成分与动物蛋白十分近似，能使人体较容易吸收利用。孕妈咪可以在饮食中适当多吃一些黄豆、绿豆、红豆、豆芽、扁豆、豆腐、豆浆、豆干等食物。

2. 选择含有动物蛋白的乳制品和蛋类食物

   乳制品和蛋类食物中含有的蛋白质也属于动物蛋白，能够帮助孕妈咪补充所缺乏的动物蛋白。孕妈咪每日可以喝2~3杯牛奶，可以用孕妈咪奶粉代替鲜奶，不敢喝牛奶的孕妈咪也可以用起司、酸奶等替代；每日吃1~2颗鸡蛋，或者3~5颗鹌鹑蛋。

3. 多补充些其他蛋白质

   除上述所列食物外，其他富含蛋白质的食物主要包括谷物类食物和坚果类食物。这两类食物都属于植物性蛋白，孕妈咪可依怀孕前的身体状况跟目前的身体情况做比较，每日适当进食，以补充缺乏的蛋白质。

Q7 如果不小心吃了易导致流产的食物该怎么办？

A7 若食用量较小，孕妈咪不必惊慌，一般不会有危险。若食用量很大，或者已经产生身体不适，就要及时就医检查，尽快采取有效的保胎措施。

Q8 孕吐严重时，孕妈咪是否可以不要吃早餐？

A8 无论孕吐与否，孕妈咪一定要吃早餐。怀孕后，孕妈咪的身体负担越来越大，不吃早餐很容易使孕妈咪低血糖，导致头晕，降低体力，还会使胎儿受到这种不规律饮食的影响。为了能够使胎儿的发育不受到影响，能够顺利分娩，孕妈咪一定要在怀孕早期就养成良好的早餐习惯。孕妈咪不仅要吃早餐，还要保证早餐的品质，如应多吃一些温胃食物，如燕麦粥、牛奶、豆浆、馒头、杂粮粥、鸡蛋等。如果一开始不习惯在早餐吃很多食物，或者因为孕吐而没有胃口，可以吃一些清淡小菜，或者苏打饼等食物，逐渐打开胃口，再适当多吃一些营养丰富的食物。

Q9 怀孕早期需要补充孕妈咪奶粉吗？

A9 孕妈咪奶粉比一般奶粉多添加了多种怀孕期所需要的营养素，如叶酸、铁、钙、DHA 等，能够满足孕妈咪的营养所需。但是在怀孕早期，孕妈咪还不需要大量的热量和营养素，只要日常饮食均衡即可，况且处在恶心、呕吐等反应中的孕妈咪，也会对奶粉产生抗拒。等到了怀孕中期和怀孕后期，不适反应消退，孕妈咪的营养摄取不能满足胎儿的快速成长时，再进行补充即可。

对抗怀孕不适反应

1. 远离恶心的气味

    孕妈咪会因人而异地对厨房油烟、汽车尾气、肉味等气味产生反感，甚至会加重头晕、恶心、呕吐等不适，因此孕妈咪要远离容易让自己感到恶心的气味，减少不适的产生。

2. 多吃能开胃的食物

    孕妈咪可以依照自己的喜好，多吃一些具有提味效果或特殊味道的食物，以增强食欲，如榨菜、牛肉干、柑橘、酸梅、酸奶、凉拌黄瓜、糖醋排骨等食物。

3. 遵循少量多餐的原则

    孕妈咪一次不要进食太多食物，否则很容易因胃部胀满而更易引发呕吐。因此孕妈咪可以遵循少量多餐的原则，在三餐中进行加餐，可以每 2~3 小时少量进食一次，如吃些苏打饼、面包、瓜子、乳制品、水果等。

4. 适当多吃液体食物

    频繁呕吐的孕妈咪要适时补充水分，可以在饮食中多喝一些粥类、鲜榨水果汁、新鲜水果等食物，以补充身体流失掉的大量水分，也可预防便秘及痔疮产生。

Q10 如何判断和预防孕妈咪营养过剩?

A10 判断营养过剩的方法很简单,就是每周称一次体重,如果每周增重超过 0.5 千克,就很有可能出现了营养过剩。此时孕妈咪在自行调整饮食方式的同时,还要咨询医师,在医师的指导下合理减重。

Q11 孕妈咪可以喝咖啡吗?

A11 咖啡因是胎儿的大敌,孕妈咪一定要忌口,继续坚持不喝含有咖啡因饮料的习惯,包括可乐、咖啡、茶等。这是因为咖啡因对胎儿来说非常危险,一旦进入孕妈咪体内,就会迅速穿过胎盘进入胎儿体内,影响胎儿的大脑、心脏、肝脏等重要器官发育,出现细胞变异,导致胎儿器官发育缓慢,甚至出现畸形或先天性疾病。

Q12 孕妈咪小腿抽筋就是缺钙吗?

A12 多数孕妈咪在怀孕 3 月末至 4 月间会出现腿抽筋的现象。因为缺钙、镁,或者肌肉疲劳、遭受风寒时,都会出现抽筋现象,因此要找对原因对症下药。大多数的孕妈咪腿抽筋是缺钙导致,这是因为胎儿从怀孕 11 周开始发育骨骼,对钙的需求量会持续增多,如果孕妈咪体内钙质不足就会缺钙。同时,由于钙质和骨骼肌肉的兴奋性有直接关系,孕妈咪一旦缺钙,就会引起小腿肌肉痉挛。孕妈咪可按医嘱服用补钙制剂,或者多食用富含钙质的食物,如小米、玉米、荞麦、燕麦、豆类食物、蘑菇、核桃仁、虾米、海产品、香蕉等食物,避免长时间保持同一姿势不动,并在睡前多泡脚,都能对抽筋有所缓解。

可以多吃的 6 种干果

1. 花生

花生能补充热量、优质蛋白质、核黄素、钙、磷等营养元素,具有健脑益智、补血养颜的作用。

2. 芝麻

芝麻能补充怀孕早期因食欲减退而摄取不足的脂肪,还能补充蛋白质、糖、卵磷脂、钙、铁、硒、亚麻油酸等营养,具有健脑抗衰、增强抵抗力的作用。

3. 松子

松子富含维生素 A 和维生素 E,以及脂肪酸、亚麻油酸等,能够润肤通便,预防孕妈咪便秘。

4. 核桃仁

核桃仁含有蛋白质、脂肪酸、磷脂等多种营养素,不仅能够补脑健脑、补气血、润肠,还能补充孕妈咪所需的脂肪,促进细胞增长和造血功能。

5. 榛子

榛子富含不饱和脂肪酸、叶酸、多种矿物质及维生素,能够健脑、明目。

6. 瓜子

瓜子包括葵花子、西瓜子和南瓜子等都能够帮助孕妈咪增强食欲,健胃润肠,降低胆固醇。

Q13 怎么吃能缓解孕妈咪的焦虑情绪？

A13 进入怀孕第 7 个月，孕妈咪发生早产的可能性开始出现。有些孕妈咪容易产生焦虑和抑郁的情绪，而影响自己和胎儿的健康。如果孕妈咪能适当多吃一些适合的食物，就能安抚不安的情绪，使自己变得轻松。建议孕妈咪可以多吃一些富含 B 族维生素、维生素 C、镁、锌的食物，如五谷杂粮、柑橘、橙子、香蕉、葡萄、木瓜、香瓜、鸡蛋、牛奶、肉类、西红柿、大白菜、红豆、坚果类以及深海鱼等食物。

Q14 患有妊娠糖尿病的孕妈咪该怎么吃？

A14 妊娠糖尿病孕妈咪在饮食上要比正常孕妈咪更加注意和小心。除了要能提供足够的营养素给胎儿正常生长发育，又要能将自己的血糖控制在合理范围内，减少流产、早产和难产的发生率。因此，妊娠糖尿病孕妈咪应严格遵循以下饮食原则：

1. 要更加严格地控制热量摄取，避免肥胖，否则会加重病情。
2. 增加膳食纤维摄取，避免吃含糖量过高或过油的食物。
3. 增加少量多餐的次数，以每日 5~6 餐为宜，每次不能进食过多的食物。
4. 可以吃淀粉类食物，但一定要控制摄取量。
5. 早晨血糖值较高，因此早餐要少吃淀粉类食物。
6. 保证每日喝 2 杯牛奶，但不宜过量。
7. 烹调用油只选择植物油。
8. 避免食用已经放置过一段时间的食物。
9. 用粗粮代替精制主食，少吃精制加工食品。
10. 少吃含水量少的食物。

用颜色选对食物

1. **红色食物**

   红色食物富含胡萝卜素和维生素 C，可以保护眼睛、减轻身体和神经疲劳、健脑、增强抵抗力，如西红柿、胡萝卜、草莓、红苹果、红枣等。

2. **黄色食物**

   黄色食物富含维生素 C，能够美白肌肤和提高抗病能力，如柳橙、香蕉、南瓜、红薯、甜玉米等。

3. **绿色食物**

   绿色食物大多富含纤维素，能够通利胃肠、补充维生素和叶酸，如绿色蔬菜、冬瓜、绿豆、猕猴桃、青苹果、青葡萄等。

4. **黑色食物**

   黑色食物以补肾、抗衰老为主，能够增强体力，如黑豆、海带、黑芝麻、发菜、香菇等。

5. **紫色食物**

   紫色食物富含花青素，能够促进血液循环、防治心血管疾病、延缓衰老，如紫菜、茄子等。

6. **白色食物**

   白色食物能够全面提高人体免疫力、健脾利水，是基础性食材，如白米饭、豆腐、百合、山药、白萝卜、洋葱、菌菇类、土豆等。

Q15 孕妈咪何时吃水果较合适？

A15 孕妈咪吃水果能够补充大量的维生素和纤维素，为胎儿提供丰富的营养。但如果没掌握好正确吃水果的时间则会造成肥胖，并且不利于营养的吸收。所以建议不要在晚饭后及睡前吃，这样会导致大量热量囤积，使孕妈咪出现过度肥胖。最好在上午 10 点和下午 3~4 点的加餐时段吃，既易于消化又能使水果的营养价值发挥到最高水平。

Q16 不爱吃鱼的孕妈咪可以吃鱼肝油吗？

A16 孕妈咪最好不要吃鱼肝油。鱼肝油和鱼油是两样完全不同的营养保健食品，鱼肝油主要是从海鱼的肝脏中提炼出的一种脂肪油，主要成分是维生素 A 和维生素 D，具有强壮骨骼的作用，常被用于儿童期的补钙之用。鱼油则是鱼体内全部油类物质的总称，主要成分是 DHA 和 EPA。与鱼油不同，鱼肝油并不适合孕妈咪用来补充所缺失的营养，否则容易引起胎儿动脉硬化、智力发育受阻，也会使孕妈咪身体出现不适，如有需要应在医师指导下适量服用。

Q17 临产的饮食该怎么安排？

A17 从规律宫缩开始出现，一直到胎儿顺利娩出的这一过程，通常要持续 12 个小时以上，在这段难熬的时期，孕妈咪的能量消耗是巨大的，需要少量多餐地补充一定的能量。尽量选择易消化、少渣、适口的流质或半流质食物，成分为高糖或淀粉的食物。不要吃大块状的固体食物或豆类食品，这些食物极易造成腹胀和消化不良，非常不利于生产。

健康吃鱼的秘诀

1. 少吃汞含量超标的鱼

汞进入孕妈咪体内后，会破坏胎儿的中枢神经系统，影响胎儿的大脑发育，因此汞含量超标的鱼，如鲨鱼、旗鱼、鲭鱼、鲈鱼、鳟鱼等，应尽量避免。

2. 少吃深海鱼

某些深海鱼体内可能带有寄生虫及细菌，处理时要彻底洗净，在烹调时要煮熟、煮透。

3. 少吃加工食品

咸鱼、熏鱼、鱼干等加工腌制品含有亚硝酸胺类致癌物质，孕妈咪尽量不要食用，而煎炸时烧焦的鱼肉中含强致癌物，也不能食用。

4. 少吃污染的鱼类

由于环境污染，可能会有很多有毒物质在鱼体内蓄积，因此孕妈咪在买鱼时，除了要注意鱼本身是否新鲜外，还要尽量避免购买被重金属或农药污染的鱼。长相畸形的鱼以及死鱼体内很有可能已经发生了病变，孕妈咪千万不要食用，以免伤己又伤胎儿。

5. 少吃罐头食品

罐装鱼孕妈咪也要少吃，尽量食用新鲜宰杀的鱼类，以防止过量摄取有害物质。

图书在版编目（CIP）数据

瘦身好孕 100 道瘦孕料理 / 孙晶丹编著． -- 乌鲁木齐：
新疆人民卫生出版社，2016.9
（孕期营养全指南）
ISBN 978-7-5372-6681-9

Ⅰ．①瘦… Ⅱ．①孙… Ⅲ．①孕妇—妇幼保健—食谱
Ⅳ．① TS972.164

中国版本图书馆 CIP 数据核字（2016）第 179445 号

瘦身好孕 100 道瘦孕料理

SHOUSHEN HAOYUN 100 DAO SHOUYUN LIAOLI

出版发行	新疆 人民出版总社 新疆 人民卫生出版社
责任编辑	白霞
策划编辑	深圳市金版文化发展股份有限公司
摄影摄像	深圳市金版文化发展股份有限公司
封面设计	深圳市金版文化发展股份有限公司
地　址	新疆乌鲁木齐市龙泉街 196 号
电　话	0991-2824446
邮　编	830004
网　址	http://www.xjpsp.com
印　刷	深圳市雅佳图印刷有限公司
经　销	全国新华书店
开　本	200 毫米 ×200 毫米　　24 开
印　张	6
字　数	54 千字
版　次	2016 年 11 月第 1 版
印　次	2016 年 11 月第 1 次印刷
定　价	29.80 元